電気が一番わかる

身近な家電製品から
理解する電気のしくみ

福田京平 著

技術評論社

はじめに

　私たちの身のまわりは、照明、コンピューター、テレビ、電話など、さまざまな電気製品にあふれています。この源になる電気現象は大昔から知られていましたが、飛躍的に進歩したのは18世紀になってからのことです。ガウス、ファラデー、アンペール等、キラ星の如く輩出した多くの天才たちによってさまざまな電気現象が解明され、マクスウェルによって集大成されました。そして1947年にはショックレーらによってトランジスタが発明され、その後の電気分野の進歩はめざましいものがあります。

　このような時代に、電気について学ぶことは非常に大事なことです。本書は、多くの人に電気のしくみと、身のまわりにあるさまざまな電気を利用した製品を知っていただくために執筆しました。数式が苦手なために電気が嫌いになった人もいることと思いますが、本書では数式はほとんどあつかっていないので、電気の楽しさ、おもしろさを感じ取っていただけると思います。

　電気のおもしろさは、単に体系だった理論面を理解することだけにあるのではありません。身近な製品を使ってその便利さに感動したとき、またその巧みなしくみを知ったときに感じられるものだと思います。逆に製品のしくみを理解することによって一層電気の現象が理解できるということもあるでしょう。

　このため本書では、第1章と第2章では電気の基本をあつかい、第3章以降で製品への応用という構成にした上で、できるだけ私たちの生活に身近な家電製品を中心にあつかいました。家電製品は、テレビや電話等に代表されるように非常に進歩の激しい分野でもあります。また省エネルギー技術、二酸化炭素排出などのエネルギー問題、環境問題の観点でも非常に注目されています。これらの最新の技術をできるだけ織り込むように努めました。

　本書は初学者だけでなくさまざまな分野の方にも有益であると考えます。本書によって少しでも電気や電気製品について感心を持ち、理解していただくことが最上の喜びです。

2009年1月15日

著者

電気が一番わかる
電気のしくみ
目次

はじめに

第1章　電気の基本

1-1	身の回りの電気	10
1-2	静電気の正体	12
1-3	原子の構造と電子	14
1-4	電子と電流の関係とは	16
1-5	電荷と電場の関係とは	18
1-6	導体と絶縁体の関係はどうなっているのか	20
1-7	絶縁体と誘電体とは何か	22
1-8	半導体のしくみ	24
1-9	電源のはたらき	26
1-10	磁極と磁場の関係とは	28
1-11	磁性体とは何か	30
1-12	電流は磁場をつくる	32
1-13	磁場が電流に及ぼす力	34
1-14	磁場が作る電流（電磁誘導）	36
1-15	電磁誘導と電磁力の比較	38
1-16	誘導電場とうず電流	40

CONTENTS

第2章 電子回路と構成部品

2-1	電子回路とオームの法則	44
2-2	直流と交流	46
2-3	交流の発生と4つの基本量	48
2-4	波の大きさ・位相・波形	50
2-5	抵抗とはどんなものか	52
2-6	コンデンサーとは何か	54
2-7	コイルはどのように使うか	56
2-8	消費電力とは何か	58
2-9	ダイオードとは何か	60
2-10	いろいろなダイオード	62
2-11	バイポーラトランジスタとは何か	64
2-12	電界効果型トランジスタやサイリスタとは何か	66
2-13	集積回路とは何か	68
2-14	アナログ回路とはどんなものか	70
2-15	デジタル回路とはどんなものか	72

第3章 発電と送電

3-1	世界と日本の発電事情	76
3-2	火力発電とはどんなものか	78
3-3	原子力発電とはどんなものか	80
3-4	水力発電とはどんなものか	82
3-5	新しい発電…太陽光発電	84
3-6	新しい発電…核融合・燃料電池・風力	88
3-7	送電と配電とは何か	90

3-8	三相交流と電柱のしくみ	92
3-9	家庭への配電のしくみ	94
3-10	電気を監視する分電盤のしくみ	96
3-11	安全を守るヒューズのしくみ	98
3-12	電線の種類	100
3-13	感電事故から身を守る	102
3-14	家庭での電力消費の推移	104

第4章 電気で照らす

4-1	照明で使われる用語	108
4-2	白熱電球とは何か	110
4-3	蛍光灯のしくみ	112
4-4	発光ダイオード（LED）のしくみ	118
4-5	HIDランプとは何か	122

第5章 電気でまわす・電気を貯める

5-1	さまざまなモーター	126
5-2	洗濯機とモーター	130
5-3	掃除機とモーター	132
5-4	電動車両とモーター	134
5-5	電池のしくみと分類	136
5-6	さまざまな一次電池	138
5-7	さまざまな二次電池	140
5-8	燃料電池とは何か	142
5-9	電池の使い方	144

CONTENTS

第6章 電気で暖める・冷やす

- 6-1 電気・ガス・灯油の比較と温めるしくみ　148
- 6-2 ストーブの種類と使い方　150
- 6-3 IHヒーターのしくみと効率　152
- 6-4 電子レンジのしくみ　154
- 6-5 エアコンのしくみと進化　156
- 6-6 冷蔵庫のしくみと進化　160
- 6-7 エコキュートとは何か　162

第7章 電気で聴く・見る

- 7-1 マイクロフォンのしくみ　166
- 7-2 スピーカーのしくみ　168
- 7-3 ヘッドホンのしくみ　170
- 7-4 ブラウン管テレビのしくみ　172
- 7-5 液晶テレビのしくみ　174
- 7-6 プラズマテレビのしくみ　178
- 7-7 プロジェクターのしくみ　180
- 7-8 ELディスプレイとは何か　184
- 7-9 電界放出ディスプレイ (FED) のしくみ　186
- 7-10 フレキシブルディスプレイとは何か　188
- 7-11 著しく増えたCDの仲間　190
- 7-12 HDD/DVDレコーダーのしくみ　192
- 7-13 最新のブルーレイディスクとはどんなものか　194
- 7-14 デジタルカメラのしくみと特性　196

 **電気で情報を伝える**

8-1	少しだけマクスウェルの方程式	202
8-2	電磁波…情報を送る媒体	204
8-3	情報を送る媒体…無線と有線	206
8-4	アンテナのしくみと種類	208
8-5	テレビ放送のしくみ	210
8-6	アナログテレビ放送のしくみ	212
8-7	デジタル放送のしくみ	214
8-8	デジタル放送の受信方法	218
8-9	固定電話のネットワーク	220
8-10	携帯電話のしくみと進化	222
8-11	IP電話はどのように使うか	224

第1章

電気の基本

　電気が流れるということはどういうことなのでしょうか。物質には電気が流れやすいものと流れにくいものがあります。どうしてそのような違いが生じるのでしょうか。本章では、電流と磁場の関係についても説明します。

1-1 身の回りの電気

●電気がない生活は想像できますか？

　私たちの生活に電気は密接に結びついています。送電線を通して発電所から電気が送られてきています。身の回りにはテレビ、パソコン、冷蔵庫などさまざまな電気製品に取り囲まれています。一歩外に出ると道路があり、車が走っています。これらも電気の技術がしっかりと支えているのです。

　また私たちは電気を直接感じることもあります。冬の日に服を脱ぐとぱちぱちと音がします。またドアノブをまわすと、ビリッと来てしまいます。夏には雷が轟きわたります。これらも電気現象の現れです（図 1.1a）。

●電気とは？

　日常生活にはさまざまな電気による現象がありますが、これらは大きく2つに分けられます。1つは、電気が蓄えられ静止している「静電気」であり、もう1つは電気が動く「動電気」です。電磁誘導現象などが知られるまでは、静電気を

図 1.1a　静電気と動電気

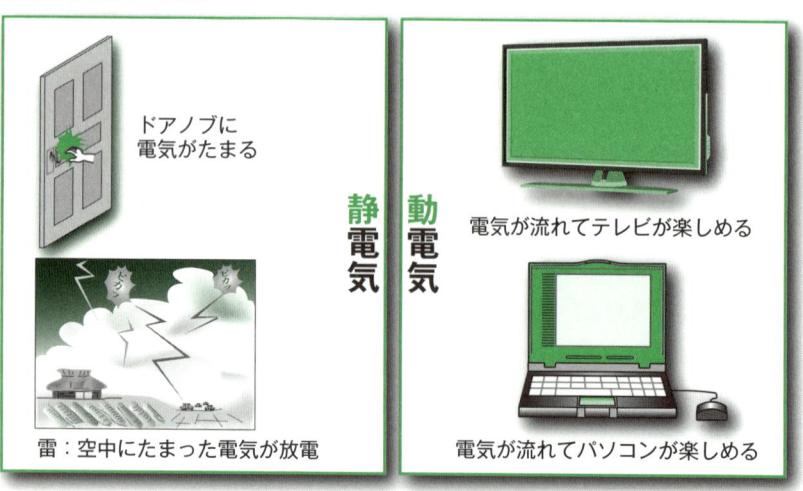

「電気」と呼んでいましたが、今では動電気を電気と呼んでいます。

電気が蓄えられたり動くといいましたが、実際は粒々の「電荷」が蓄えられたり動いたりしています。そして静電気も電気も、電荷によって生ずる現象です（図1.1b）。

●静電気と動電気

●静電気の例

もっとも身近な静電気は「摩擦電気」です。2種類の物質をこすり合わせるとそれぞれにプラスとマイナスの電荷が発生し静電気として蓄えられます。また雷（稲妻）は空気中に蓄えられた静電気が放電することによって生じる現象です。夏になると地表の水蒸気を含んだ空気は暖められ、上昇気流となりますが、上昇するにしたがい気温も低くなり、水蒸気は水滴や氷となります。これらは互いにはげしくこすりあわされ摩擦電気が発生します。この摩擦電気が放電して発生するものが雷です。

●動電気の例

電気が流れる、あるいは「電流」という言葉を使いますが、これは物理的には「電荷が移動する」ということです。日常接する多くの現象はこの（動）電気に基づくものです。発電所からの送電、テレビをはじめとする多くの製品は電気による現象を利用したものです（図1.1c）。

図1.1b　電気の正体

図1.1c　静電気・動電気と電気

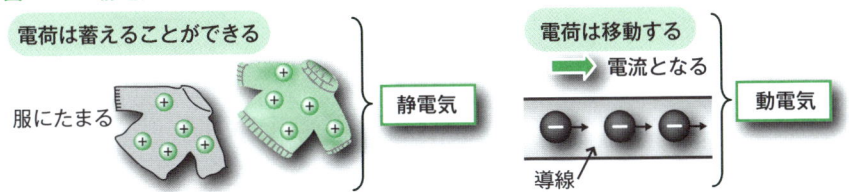

静電気の正体

●静電気とは

　電気現象の解明の最初は摩擦電気からでした。紀元前580年頃、2種類の物質をこすり合わせると、お互いに引き合うことが発見されました。これは摩擦電気によって、一方にプラスの電荷が発生し他方にマイナスの電荷が発生したためです。

●静電気の正体は電子

　物質は原子から成り立ちます。また原子は電子と原子核から成り立っています。電子はマイナスの電荷、原子核はプラスの電荷を持っています。普段はこれらの電荷は同じ数だけ存在し電気的に中性になっています。

　2種類の物質をこすり合わせると、電子は居心地の良い方に移ることがあります。その結果、電子が減った物質は負電荷が減ってプラスに帯電し、電子の数が増えた物質はマイナスに帯電します。プラスに帯電したものとマイナスに帯電したものは引き合い、プラスに帯電したものどうしあるいはマイナスに帯電したものどうしは斥けあいます（図1.2a）。

図1.2a　静電気と電気

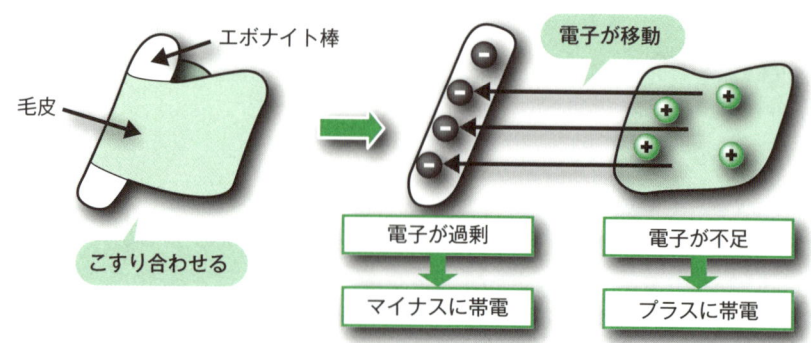

図 1.2b　コピー機のしくみ

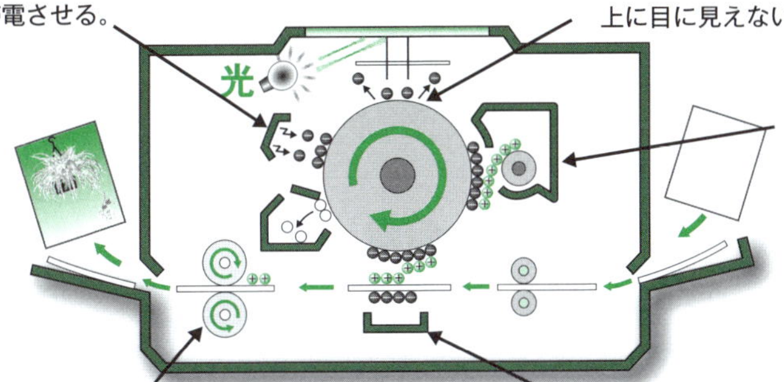
感光ドラムに静電気を
帯電させる。
原稿に光をあてると、ドラムの
上に目に見えない画像ができる。
光
トナーをドラム
にかけると、画像
が現れる。
コピー紙の上にのったトナーを熱い
ローラーに通して溶かし、コピー紙に
浸み込ませると画像ができる。
コピー紙の裏側から、静電気を帯びさ
せると、ドラムのトナーがコピー紙に
ついて、ドラムの画像がコピー紙に映る。

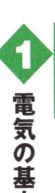

●静電気の応用

レーザープリンターやコピー機は静電気を利用した製品です。静電気現象を利用してトナーと呼ばれるインクを感光ドラムに吸着させます（図 1.2b）。また、自動車の車体などの塗装では「静電塗装」という技術が使われています。塗料を帯電することによってお互いに反発させて霧化し均一に塗装するしくみです。

●静電気の被害

一方で静電気はいろいろと被害を惹き起すことがあります。可燃性気体をあつかっているときに静電気による火花放電が起ると、たとえそれが小さなものでも、爆発や火災事故につながります。こういった環境での作業には、静電気の起こりにくい服装を身につけ、導電性の高い靴を履かねばなりません。ガソリンも可燃性気体の一つです。セルフ式のガソリンスタンドでは必ず静電気除去シートに触れてから給油しましょう（図 1.2c）。

IC などの半導体製品も静電気により高電圧がかかると破壊してしまうことがあります。製造工場ではさまざまな静電気対策が施されていますが、家庭でもパソコンの電子部品に触れるときには、前もって静電気を逃がすなど十分に注意しましょう。

図 1.2c　静電気の除去
給油は静電気除去シートに触れてから！

はじめに
タッチ！
静電気除去シート
に触れてください
「パチッ」ときません

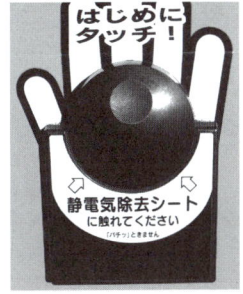

1-3 原子の構造と電子

●原子の構造はどうなっているのか

1-1で静電気の実体は電子であることを説明しました。また電流とは電荷が動くことによって生ずることも説明しました。これらの現象をもっとわかりやすくするために原子の構造と電子について説明します。

物質はどんどん細分化していくと原子に到達します。原子は原子核とこれを取り巻く電子から成立っています。中心にある原子核の周りをいくつかの電子が取り巻いており、原子核は、電子の数と同数の「陽子」と、ほぼ同数の「中性子」から成ります（図1.3a）。

1個の陽子は正の電荷をもち、その量は電子の電荷量と同じです。中性子は電荷を持っていません。したがって、原子全体では電子の電荷量と陽子の電荷量が同数であるためにお互いに相殺し、電気的に中性となります。

また陽子の質量は中性子とほぼ等しく、電子の1800倍以上あります。原子の質量はほとんどが原子核に集中していることになります。

図1.3a　原子の構造

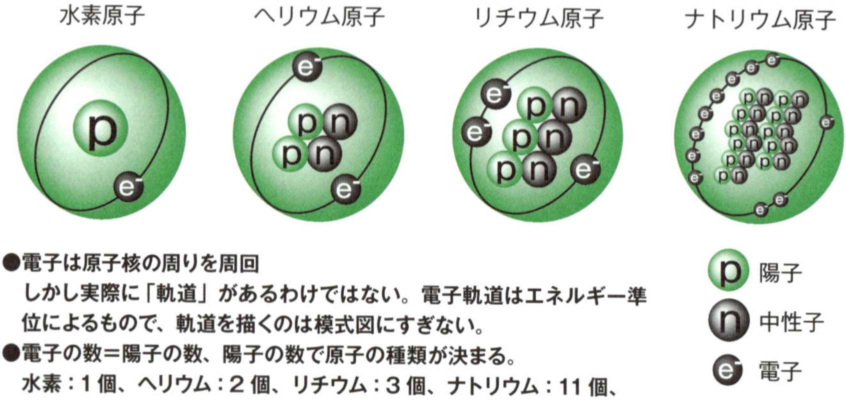

- ●電子は原子核の周りを周回
  しかし実際に「軌道」があるわけではない。電子軌道はエネルギー準位によるもので、軌道を描くのは模式図にすぎない。
- ●電子の数=陽子の数、陽子の数で原子の種類が決まる。
  水素：1個、ヘリウム：2個、リチウム：3個、ナトリウム：11個、アルミニウム：13個、シリコン：14個、鉄：26個、銅：29個

●電子の軌道とは何か

　原子核の周りの電子の軌道にはあるルールがあって、特定の軌道の上にしか存在できず、それ以外の軌道をとることができません。またそれぞれの軌道の上に存在できる電子の数も決まっており、内側から順に2、8、8、18、18、32、32個となっています。

　電子は原則として内側からの軌道から順に埋まっていきます。したがって、もっとも外側の軌道については電子が全部埋まっている訳ではありません。1個あるいは2個しか電子が埋まっていない場合もあります。

　電子の軌道はエネルギー準位によるもので、実際に電子が周回する場所が決まっているわけではありません。電子軌道として軌道を描くのは、一種の模式図としての表現にすぎません。

●自由電子とは何か

　もっとも外側の軌道の電子が1個あるいは2個のとき、これらの電子は少しのエネルギーを得ただけで原子核の束縛から離れてしまい、物質の中を自由に動き回ります。この電子のことを「自由電子」といいます。

　自由電子がある特定の方向に移動すると電流となります。金属の電流が流れやすいのは自由電子が多いためです。電子が抜けた原子はプラスの電荷を持つ「イオン」となります（図1.3b）。

図1.3b　自由電子発生のしくみと金属内の自由電子

●自由電子発生のしくみ

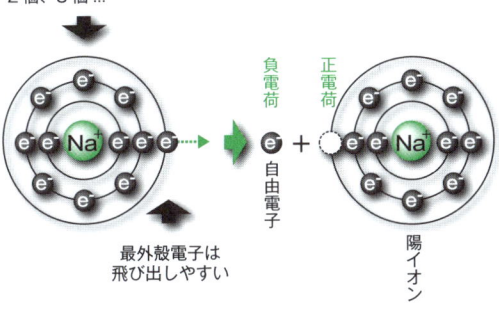

●自由電子が電流の担い手

金属原子は自由電子を放出する。
自由電子は個々の原子の束縛から離れ、金属内を自由に移動する。

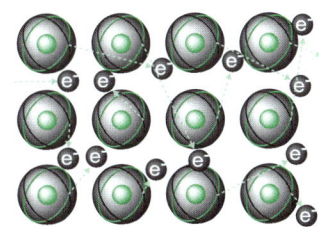

電子と電流の関係とは

●電子とはどんなものか

　電子は、これ以上細分化できない「素粒子」の1つです。したがって電子が持つ電気量（電荷量ともいいます）は、電気の最小単位となり、あらゆる物質が保有する電荷量はすべてこの整数倍になります。このことから電子の電荷量は「電気素量」と呼ばれます。

　電子の電荷量は、電荷量の単位「クーロン」を使って「-1.602×10^{-19} クーロン」と表されます。また電子の質量は、陽子や中性子に比べてはるかに軽く、9.109×10^{-31} キログラムです。電子の大きさは、電子よりも小さいものがないために測ることができません。

- 電子：　　　　　素粒子の1つ・・・細分化できない
- 電子の電荷：　　電荷の最小単位（マイナスの電荷）
- 電子の質量：　　もっとも軽い原子である水素の1/1800

●電流とは何か

　「電流が流れる」とよくいいますが、これはほとんどの場合「電子が移動する」

図 1.4a　電流の流れとその向き

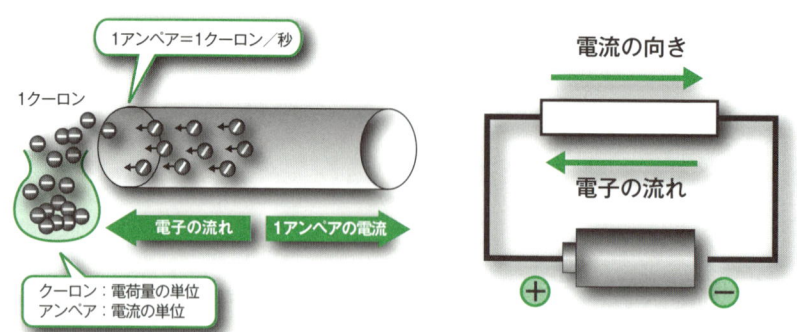

ことです。電子が移動すると電流が発生します。電流の単位として「アンペア」（A）が使われます。1秒間に1クーロンの電荷が流れたときの電流が1Aと定められています。したがって1Aの電流が1分間流れると、60クーロンの電気量が移動したことになります。

●電子の移動の向きと電流の向きが反対の理由

「電子の移動する方向」と「電流の流れる方向」は逆になります。これは電気が発見されたころ、まだ電子の存在については知られていなかったためで、当時「電流は＋極から－極に流れる」と決められました。後に陰極線（電子の流れ）が発見され、自由電子は－極から＋極に移動することが確かめられ、結局電流の流れと電子の移動は逆向きになってしまいました（図1.4a）。

●電子以外の電流の運び手とは何か

左頁で「電荷が移動すると電流が流れる」と説明しました。この電荷の流れの担い手の代表格は電子ですが、そのほかにプラス、あるいはマイナスのイオンも電荷の担い手となります。イオンとは、中性の原子が、電子を放出して不足の状態になったもの、あるいは逆に電子を他から捕えて過剰の状態になったものです。

イオンの電気量は電子の電気量の整数倍となります。他の担い手として「ホール」（正孔、「孔」は穴の意）があります。ホールは粒子ではなく「電子の抜け跡」のことをいいます。すなわち抜け跡に順次電子が移動することによって電流が流れます。ホールの電荷量は電子と等しく符号はプラスとなります（図1.4b）。

図1.4b　ホールのしくみ

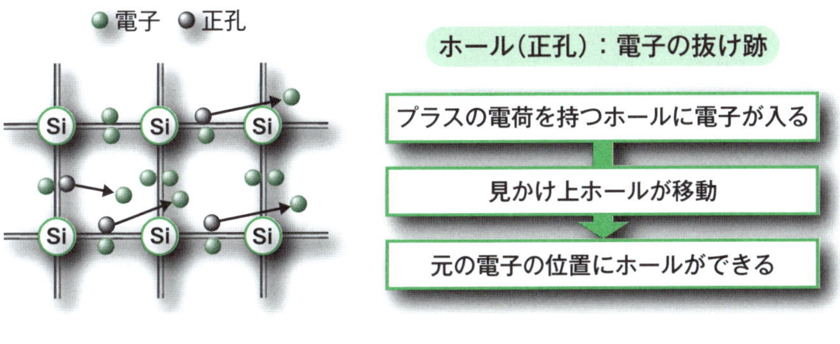

● 電子　● 正孔

ホール（正孔）：電子の抜け跡

プラスの電荷を持つホールに電子が入る

見かけ上ホールが移動

元の電子の位置にホールができる

1-4　電子と電流の関係とは

電荷と電場の関係とは

●クーロン力は電荷の間に働く力

電荷が動くと電流が発生することを説明しました。電荷が動くためには「力」が必要です。どのような力が働くのでしょうか。電荷の間には「クーロン力」という力が働きます（図1.5a）。

電気にはプラスとマイナスがありますが、プラスとマイナスの電荷はお互いに引き合い、プラスどうしあるいはマイナスどうしの電荷は斥け合います。またこの力の大きさは互いの「距離の２乗に反比例」します。この関係を「クーロンの法則」といいます。

●電位や電場（電界）とは何か

空間を隔てて２つの電荷を置いてみます。第２の電荷は第１の電荷からクーロン力を受けますが、この現象を次のように考えます。

重力のもとでは、物体は高いところから低いほうに引っ張られます。この高さに相当するものを「電位」といいます。空間に電荷が存在することによって引き起こされる電位の勾配のことを「電場」（電界）といいます。主に理学系では電場、工学系では電界ということが多いようです。

図1.5a　クーロン力と電場
●電荷の間にはクーロン力が働く　　●電荷1が作る電場
　　　　　　　　　　　　　　　　　近くでは強く遠く離れるにしたがい弱くなる

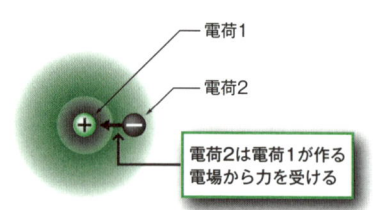

働く力の大きさは電場（電界）の大きさ（強さ、あるいは強度ともいいます）に比例します。電荷に近いところほど強い電場が生じ、離れるにしたがい電場は弱くなります。空間の2点の電位の差を「電位差」（あるいは電圧）といいます。

●電気力線とは何か

電場を見ることはできません。そこで電場のイメージを描くために考え出されたのが「電気力線」です。電気力線では、電場の向きを線と矢印で描きます。

電気力線はプラスの電荷から発し、マイナスの電荷に吸収されます。プラスの電荷を持ってくるとこの線の方向に力が働きます。マイナスの電荷のときには逆方向の力がはたらきます。電気力線の密度が大きいところほど強い電場になっています。

プラスの単独の電荷による電気力線を下に示します。この場合にはマイナスの電荷がないので電気力線は無限の彼方に放出されます。また同量のプラスの電荷とマイナスの電荷があるときの電気力線も示します。

電気力線に沿った2点A,Bをとってみます。プラスの電荷をAに置くとAからBの方向に引っ張られます。したがってAの電位はBの電位よりも高いということになります。電気力線に垂直な2点AとCについて考えてみましょう。AからCの方向には力は働いていません。したがってAとCは同じ高さ、すなわち同じ電位ということになります。等電位の位置を連ねた線を「等電位線」といいます（図1.5b）。

図1.5b 電気力線と等電位線
単独電荷の電気力線　　異符号2個の電荷の電気力線

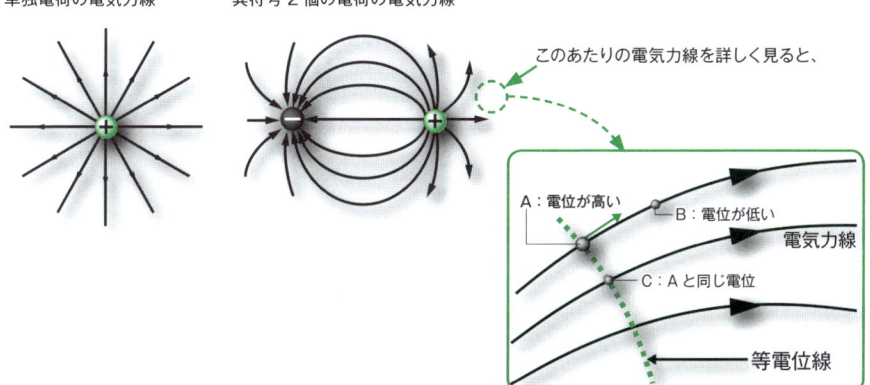

導体と絶縁体の関係はどうなっているのか

●自由電子の数で導体と絶縁体の違いが表れる

　物質には電気を通しやすいものと通しにくいもの、そして中間のものがあります。それぞれ「導体」「絶縁体」「半導体」といいます（図1.6a）。熱をよく伝えるものも導体と呼ばれますので紛らわしい時には、電気伝導体、熱伝導体と区別して呼ぶときもあります。

　原子レベルでみたときのそれぞれの違いは何でしょうか。「自由電子の数」が異なっているのです。自由電子のことを「伝導電子」と呼ぶこともあります。導体では自由電子が多く、絶縁体ではほとんど自由電子はありません。半導体ではその中間ということになります。

●導体でも電気の通りやすさには違いがある

　導体の代表は金属です。金属の両端に電圧をかけてみます。左側を高電位、右側を低電位とします。すると金属の中では電界が発生し自由電子は電位の高いほうに移動し電流が流れます。電子は電界によってどんどん加速しますが、原子に衝突し、全体としてみたときには一定の速さに落ち着きます。このように電流を流しにくくするものを「抵抗」といいます（図1.6a）。

　金属でも電気の流れやすい金属と流れにくい金属があります。原子が自由電子

図1.6a　電気抵抗

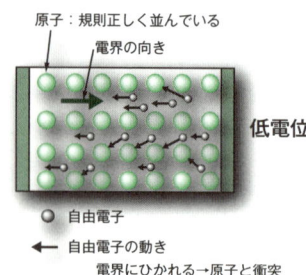

図 1.6b　電気抵抗率
値が小さいものほどよく電気を伝える。

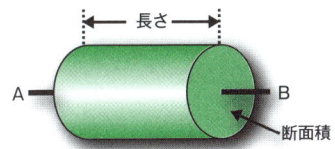

●AB 間の抵抗の値を決める要因
電気抵抗率に比例‥物質特有の値
長さに比例　　　
断面積に比例　}形で決まる

●自由電子の数と電気の通りやすさ

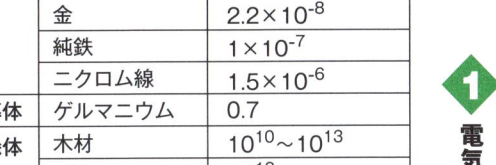

	物質名	電気抵抗率（Ωm）
金属	銅	1.7×10^{-8}
	金	2.2×10^{-8}
	純鉄	1×10^{-7}
	ニクロム線	1.5×10^{-6}
半導体	ゲルマニウム	0.7
絶縁体	木材	$10^{10} \sim 10^{13}$
	ゴム	10^{13}
	ガラス	$10^{10} \sim 10^{14}$

と衝突しやすい構造になっているものは流れにくく抵抗が大きく、衝突しにくい構造のものは電気が流れやすく抵抗が小さい、ということになります。

　導体にも、電気の流れやすいものと、比較的流れにくいものがあります。銅は流れやすく、しかも比較的安価であることから導線によく使われます。逆に絶縁体でも非常に大きな電圧をかけると電気が流れます。物質の電気の流れにくさを表す量として「電気抵抗率」が使われます（図 1.6b）。

●電子の速さと電流が伝わる速さ

　金属の中を移動する電子の速さはどれくらいでしょうか。加える電圧などによって異なりますが、普通秒速 0.1 〜 1 m程度です。しかし、スイッチを入れると電灯はすぐに点灯しますね。これはどうしてでしょうか。電気が伝わる速さと電子が進む速さは異なり、金属中であれば光速に近い速さで伝わります。

●静電誘導現象とは

　帯電した物体を導体（電気を通す物質）に近づけると、導体の中で電荷が移動して、胴体内の電位を一定に保つ現象が発生します。これを「静電誘導」といいます（図 1.6c）。

図 1.6c　静電誘導現象

電位一定

導体内部の電荷が移動して、帯電体の影響を打ち消し、胴体内の電位を一定に保つ。

電位一定

電荷が移動

1-7 絶縁体と誘電体とは何か

●絶縁体と誘電分極

　絶縁体は、自由電子がほとんどなく電気を通しません。誘電体という語が使われますが、同じ意味です。多くのガラス、プラスチック、ゴムなどが該当します。しかしこれらのなかにも電気を通す、いわゆる導電性と言われるガラス、プラスチック、ゴムもあります。導電性のプラスチックについては、2000年にノーベル賞を受賞された白川先生の研究が有名です。これらの多くの物質は「誘電分極」という現象を生じます。

　原子や分子は通常電気的に中性ですが、内部的にはプラスの電荷とマイナスの電荷があります。これに電界を加えるとプラスに偏った部分とマイナスに偏った部分に分かれます。この現象を誘電分極といいます（単に分極ともいう）。誘電分極特性に着眼した時には誘電体といいます（図1.7a）。

　絶縁材料として用いられるほか、誘電分極性能を利用して、コンデンサーの電極間材料、レンズのコーティング物質などさまざまな面で利用されています。もっとも基本的な「常誘電体」のほかにもさまざまな種類の誘電体が知られています。

●誘電体の種類

●圧電体
　圧力を加えると分極する物質です。この現象を圧電現象といいます。逆に電場を加えると変形することもあります。スピーカーや、ライターやガスコンロなどの点火に使われています（図1.7b）。

●焦電体
　赤外線が当たると分極し、表面に帯電する電荷量が変化する物質です。自動ドア等の人を検知するセンサー等に使われます。

●強誘電体
　元々自発的な分極を有しており、外部から電界をかけると、小さな電界であっ

ても非常に大きな分極特性を示します。またこの電界を取り除いても分極特性は残ったままの物質もあります。この特性を生かして不揮発性メモリなどに応用されています。

図 1.7a　誘電分極のしくみ

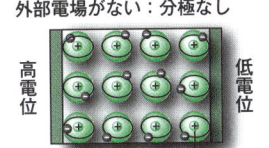
外部電場がない：分極なし

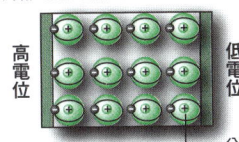
外部電場を加える：分極発生

図 1.7b　さまざまな誘電体のしくみ

●圧電体のしくみ

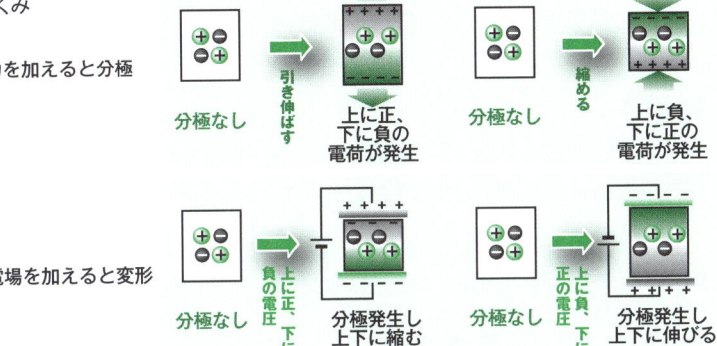

●焦電体（赤外線センサーのしくみ）

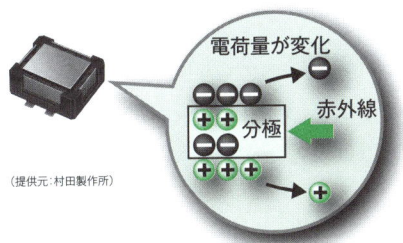

（提供元：村田製作所）

●強誘電体のしくみ

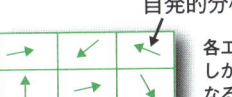

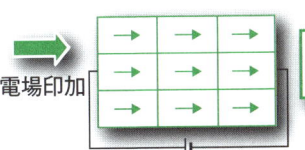

1-8 半導体のしくみ

●半導体とは

電気の通しやすさについて、導体と絶縁体の中間の性質を示します。導体に、極くわずかの不純物を混入することによって電気抵抗を大きく変えることができます。電場、磁場、光、熱などによって電気抵抗以外のいろいろな物理的性質も変えることができるため、さまざまな分野で利用されています。

最も代表的な応用はダイオードやトランジスタですが、IC（集積回路）、LSI（大規模集積回路）などもほとんどが半導体から作られています。厳密にはこれらは「半導体素子」ですが、日常的には半導体という言葉が使われます（図1.8a）。

図1.8a　半導体素子

●ダイオード

●トランジスタ

●集積回路

●半導体中で電気が流れるしくみ

半導体では自由電子のことを「伝導電子」と呼びます。金属に比べると伝導電子の数は、はるかに少ないのですが、電場、光、熱などの外的刺激により、原子に拘束されていた電子（価電子といいます）が、拘束を離れ伝導電子となり電流が流れるようになります（図1.8b）。絶縁体の場合にはかなり強い電場、光、温度などを与えてもほとんど伝導電子は増えません。

図1.8b　半導体の電流が流れるしくみ

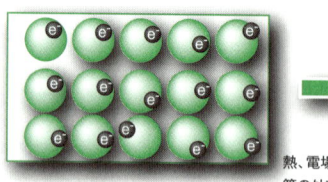
価電子は各原子に拘束

熱、電場、光等の外部刺激

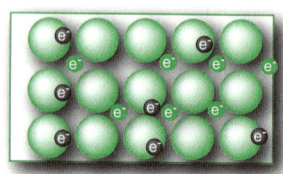
一部は自由電子　e⁻

●半導体の種類

●真性半導体

シリコン原子はもっとも外側の電子軌道に4個の価電子があります。これらの電子は、他のシリコン原子と共有し合って互いの原子が結びついています。これを「共有結合」といいます。共有結合をしている純粋なシリコンではほとんど伝導電子がないために電流が流れません。このように不純物をほとんど含まない半導体を「真性半導体」といいます（図1.8c）。

●N型半導体

真性半導体に、ヒ素（元素記号As）などのもっとも外側の軌道に5個の価電子をもつ物質を混ぜると、4個の電子は共有結合に使われますが1個余ります。この電子はヒ素によってクーロン力で拘束されているのですが、この拘束力は非常に弱く、少しの刺激で伝導電子となり結晶中を動き回ります。このように電子が電流の運び手（キャリアといいます）となる半導体を「N型半導体」といいます。

●P型半導体

真性半導体にホウ素（元素記号B）などのもっとも外側の軌道に3個の価電子を有する物質を混ぜたものを「P型半導体」といいます。共有結合をするためには4個の電子が必要ですが1個不足し、電子の孔が空いた状態（正孔）になっています。P型半導体ではこのホールが電流の担い手となります。

●半導体の材料

半導体材料には、シリコンやゲルマニウムのように単体の原子で構成されている「IV族半導体」、イオン結合をした「化合物半導体」（クーロン力によるイオン結合が弱い）、有機物である「有機半導体」などがあります。

図1.8c　半導体の種類

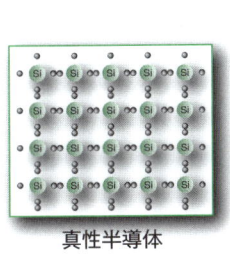
真性半導体

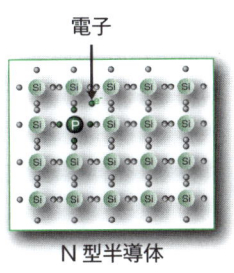
電子
N型半導体

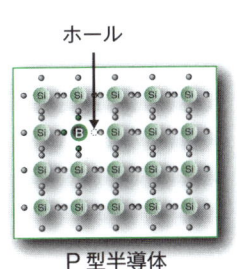
ホール
P型半導体

1-9 電源のはたらき

●電源とは？

電気機器を動作させるには電圧や電流を供給しなければなりません。家庭内の電気機器は発電所から送られてくる電気によって機能します。電池を入れることによって動作するさまざまな機器もあります。またノートパソコンをはじめとして多くの機器は電源アダプターを接続して電気を供給します。発電機から直接電気を作り出して、機器を動かすこともできます。このような電気機器を動作させるために電気を供給する役割をするものを電源といいます（図 1.9a）。

●ポンプの役目

電源は水を汲み上げるポンプにたとえることができます。低い位置にある電荷を高い位置に汲み上げます。汲み上がった電荷は低い位置に落下するときいろいろな仕事をします。この落差を利用して物を回転させるのがモーターであり、扇風機や洗濯機に使われます。この落差で熱を発生させるのが電気ストーブやヒーターです（図 1.9b）。

●電源の基本的な性能

電源には直流を生み出す直流電源と交流を生み出す交流電源があります。電源

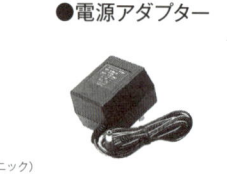

図 1.9a　さまざまな電源

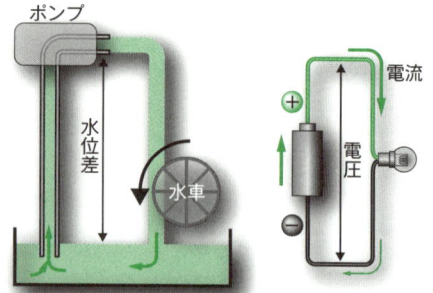

図 1.9b　電源はポンプの役目

の特性は「電源電圧」と「電源容量」で決まります。

電源電圧は起電力ともいいます。ポンプが水をどれだけの高さまで汲み上げるかということに相当します。単位を「ボルト」（V）で表わします。

電流	⇔	水流
電源電圧	⇔	水位差
電源容量	⇔	水量

電源容量は、ポンプの場合の単位時間あたりに汲み上げることのできる水量に相当し、どれだけの電気量を汲み上げることができるかを示します。電源容量の単位には「アンペア」（A）が使われます。ここで得たエネルギーをさまざまな電気機器が消費します。

電気機器の1秒あたりの「消費電力」の単位は「ワット」（W）で表し、機器にかける電圧と流す電流の掛け算をすることによって計算できます。電源容量をアンペアで表す代わりに電源電圧と掛け合わせた「ボルト・アンペア」（VA、ヴイエー）あるいは「ワット」で表すこともあります。

消費電力に時間をかければ「消費電力量」となり、単位はワット時（Wh）、あるいはキロワット時（kWh）がよく使われます。500Wの機器を4時間使えば、その消費電力量は2kWhとなります。電気料金は消費電力量で請求されます。

●電池の直列接続と並列接続

電池を直列に接続すると、1個当たりの電圧の2倍の電圧を取り出すことができます。並列に接続した場合には電圧は1個のときと電圧は変わりませんが、1個の場合に比べて寿命は倍になります。しかし乾電池を並列に接続した電気機器はほとんどありません。これは2本の乾電池の間に起電力の差があるとショートしてしまい非常に危険だからです（図1.9c）。

図1.9c　電池の接続方法
●直列接続：電圧が2倍　●並列接続：寿命が2倍　●並列接続は危険

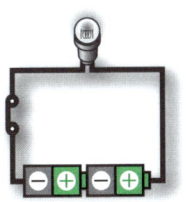
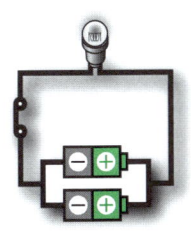
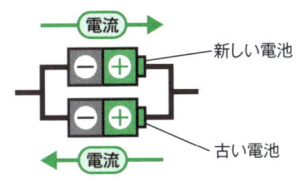

磁極と磁場の関係とは

●電磁気学について

　もともと電気現象と磁気現象は別々のものと考えられていましたが、1820年にエルステッドが電気を流した導線の近くに置いた磁針に力が働くことを発見して以来、電気と磁気の関連についてさまざまな現象が発見されました。1873年にマクスウエルが電気と磁気を集大成した論文を発表し、電気は統合してあつかわれるようになり、現在「電磁気学」という大きな学問分野を形成しています。

●N極とS極

　電荷にプラスとマイナスがあるように磁極にはN極とS極があります。地球の北側を向く極がN極、南側を向く極がS極と決められています（図1.10a）。N極どうしあるいはS極どうしの間では反発し、N極とS極の間では引き合います。この力の大きさは電荷の間のクーロンの法則と同様、これらの磁極の間隔が広がるにしたがい急激に弱くなります。この関係を「磁気に関するクーロンの法則」といいます。

　電気にはプラスあるいはマイナスの単独の電荷があるのに対して、磁石は必ずS極とN極が対になって表れ、単独のS極やN極はまだみつかっていません。磁石はどこで切っても、必ず、N極とS極のある2つの磁石となります（図1.10b）。

図1.10a　地球は大きな磁石

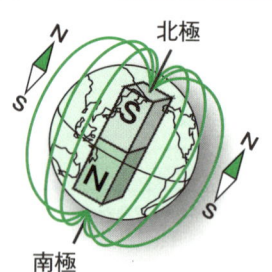

図1.10b　どこで切ってもN極とS極が対で発生

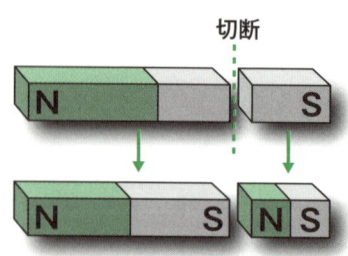

●磁場（磁界）と磁力線

電荷に電場があるように、磁極にも「磁場」があります。磁極が力を及ぼしている空間を磁場または磁界といいます。磁場の中にN極の磁石を持ってくると、この磁石に力が働きますが、その向きは磁場の方向、大きさは磁場の強さに比例します。

磁場はもちろん人間の目では見ることができませんが、電気力線と同様に「磁力線」というものを描くことによってイメージできるようになります。磁力線はN極から発してS極に入ります（図1.10c）。強い磁極ほど多くの本数の磁力線が発生します。磁力線が詰まっているところほど強い磁場となります。

●磁石の源

どうして磁石にはN極あるいはS極の単独のものがないのでしょうか。磁石の発生原因を知ることによってこの理由がわかります。後で学びますが、荷電粒子が運動をすれば磁界が発生します。磁石の源は電子の運動です。電子が原子の周りを運動することによって、磁場ができます。

また電子はコマのように自転しています。この現象をスピンといいます。このように電子の回転運動によっても、磁場が発生します。生じた磁場は一方がNであれば他方は必ずS極となり対で観測されます（図1.10d）。

図1.10c　磁場をイメージ化する磁力線　　図1.10d　磁石の源（電子の運動）

●一個の棒磁石による磁力線

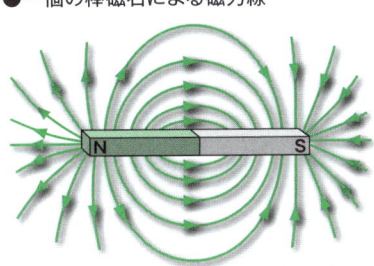

磁力線
N極から発してS極に吸収
接線方向が磁場の向き
密度が濃いところは磁場が強い

●原子核の周りの円運動

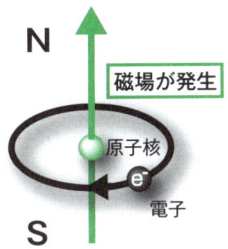

●自転運動（スピン）

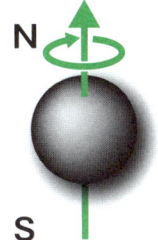

1-11 磁性体とは何か

●磁性体と非磁性体

磁極を近づけると吸引するものを「磁性体」あるいは「強磁性体」といい、そうでないものを「非磁性体」といいます。非磁性体には「常磁性体」「反磁性体」「反強磁性体」があります（図1.11a）。

●磁性体の分類

●強磁性体

強磁性体は2種類に分けることができます。一つは外部磁場がなくなると磁石でなくなってしまうもので、「軟強磁性体」あるいは「一時磁石」と呼ばれます。釘などで使われる鉄がこれに相当します。VTRなどの磁気ヘッドには軟強磁性体が使われます。これに対して、外部磁場がなくなっても磁石の性質が残っているものがあり、「硬強磁性体」あるいは「永久磁石」と呼ばれます。

強磁性体もある温度よりも高くなってしまうと、顕著な磁気的性質を現さなくなり常磁性体となってしまいます。この温度のことをキュリー温度といいます。

●軟強磁性体の用途と磁気誘導

釘などの軟強磁性体を永久磁石に近づけると吸引されます。たとえば永久磁石

図1.11a　磁性体・非磁性体の分類

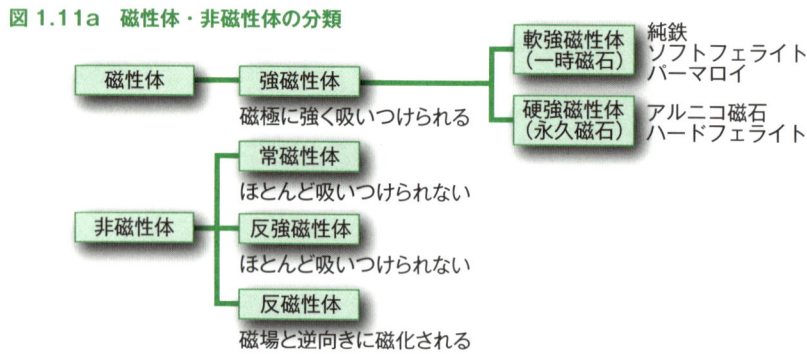

図 1.11b 磁気誘導現象

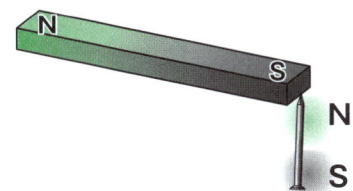

のS極を近づけると釘は磁気を帯び、永久磁石に近いほうの端にはN極が生まれ、遠いほうの端にはS極が発生し吸引されます。この現象を「磁気誘導」といいます。電気の静電誘導（P.21参照）に対応する現象です。釘は「磁化した」あるいは「電磁分極した」と表現します（図1.11b）。

●非磁性体の分類

●常磁性体

磁場を加えても吸引されません。しかし実際はわずかながら磁化されるので非常に強力な磁場を加えると吸い寄せられます。空気やアルミニウムなどが該当します。

●反強磁性体

磁気的性質は常磁性体と大体同じですが、原子レベルでの構成が異なっています。隣り合う原子のスピンが反対方向を向いているために全体としては磁化は現れません（図1.11c）。

●反磁性体

磁場を加えると、逆向きに磁化されます。水も反磁性です。反磁性物質に磁場を加えると逆向きに磁化されるために反発します（図1.11d）。

図 1.11c 反強磁性体の原子構造

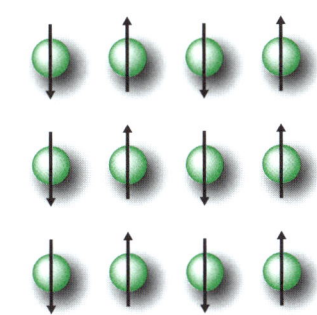

図 1.11d 反磁性体の特性

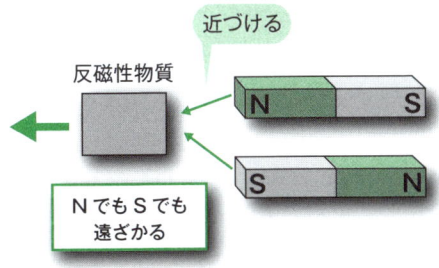

1-12 電流は磁場をつくる

●直線電流のつくる磁場

導線に電流を流すとまわりに磁場が発生します。この磁場は電流に垂直な面で、電流を中心軸とする同心円状になっています。向きは右ねじの法則で求めることができます（図1.12a）。

すなわち、電流の流れる方向を右ねじの進む方向として、ねじの回る向きに磁場ができます。あるいは右手の親指を立てて電流の向きと一致させた時に、他の指の向きが磁場の向きとして求めることもできます。この磁場の大きさは電流に比例し、電流からの距離に反比例します。

●円形電流のつくる磁場

導線を円形に巻いたものをコイルといいます。一巻きのコイルに電流を流したときの磁場はどうなるか考えてみましょう。コイルを短い部分にわけるとそれぞれが直線電流となります。これらの短い部分による磁場を合成したものが、円形コイルによる磁場ということになります。電流の向きに右ねじをまわしたときにねじの進む方向が磁場の向きになります（図1.12b）。

図1.12a　直線電流のつくる磁場
●直流電流の周りには磁場が発生

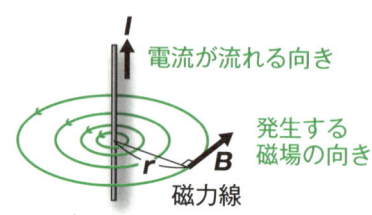

●右ねじの法則

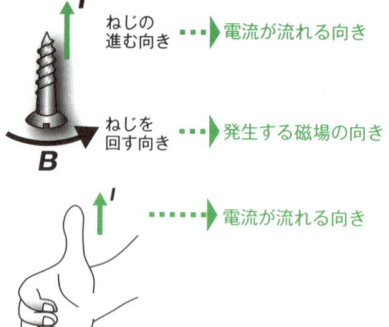

●フレミングの右手の法則

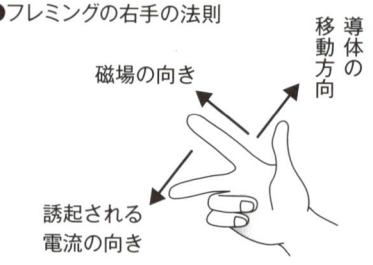

図 1.12b　円形コイルのつくる磁場

●コイルが作る磁場

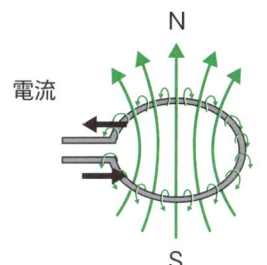

●右ねじの法則

コイルが作る磁場の向きも右ねじの法則で求まります。

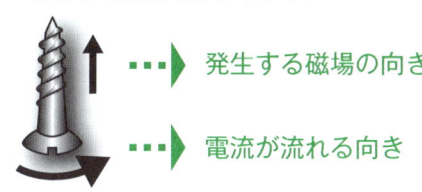

●電磁石と永久磁石

コイルの巻き数を増やすと作られる磁場も強くなります。多数巻きのコイルを「ソレノイド」といいます。ソレノイドが内部につくる磁場は中心軸に平行で均一です（図1.12c）。外部につくる磁場は永久磁石がつくる磁場とよく似ています。そのためにソレノイドを磁石として使うときには「電磁石」と呼ばれます（図1.12d）。

コイルの中に鉄心を入れると、コイルが作る磁場によって鉄心が磁化され、この分によっても磁場が作られるために強力に鉄片を吸引することができます。

電磁石は永久磁石と比べると、電流を流したり切ることによって簡単に磁力のオンオフができ、また電流の大きさや向きを変えることによって、容易に磁力の大きさ・向きを変えることもできます。絶えず電流を流し続けなければならず、電力を消費するのが欠点です（図1.12e）。

リレー、リニアモーターカーなどさまざまな分野で使われています。

図 1.12c　円形コイルのつくる磁場

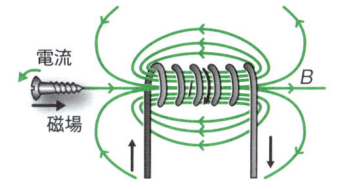

図 1.12d　永久磁石がつくる磁場

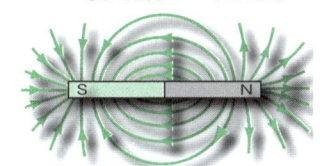

図 1.12e　リレーのしくみ

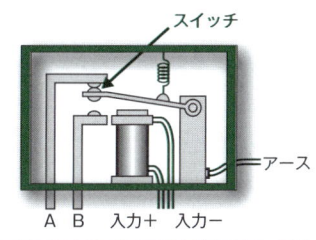

電流によって電気の流れを開閉する装置。ソレノイドに電流を流すとスイッチはソレノイドに吸引されB端子側に接続。

1-13 磁場が電流に及ぼす力

●ローレンツ力…電流は磁場から力を受ける

磁場の中を荷電粒子が運動すると「ローレンツ力」という力を受けます。これを「電磁力」といいます。

これは、「荷電粒子が動いた結果、電流が生じる、その電流が流れる導線が磁場から力を受ける」というように考えることもあります。磁場の中に導線を置きこれに電流を流すとローレンツ力のために導線は力を受けるわけです（図1.13a）。

力の方向は磁場の向き、荷電粒子の運動の向き（または電流の向き）の両方に対して直角となります。この力の大きさは、磁場の強さ、荷電粒子の電荷量と荷電粒子の速さ（または電流の大きさ）に比例します。

荷電粒子または導線が受ける力の向きは、電流から磁場の方向に向けて右ねじを回転させたとき、ねじの進む方向です。

電流が流れて磁場が生じる場合には「フレミングの右手の法則」を利用しましたが、磁場の中の電流が受ける力は「フレミングの左手の法則」を利用します（図1.13b）。

図1.13a　電流が磁場から受ける力

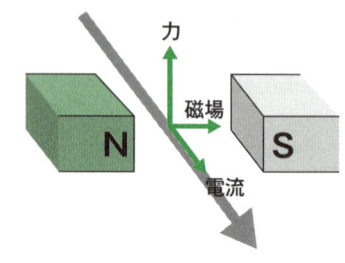

図1.13b　電流が磁場から受ける力
●右ねじの法則

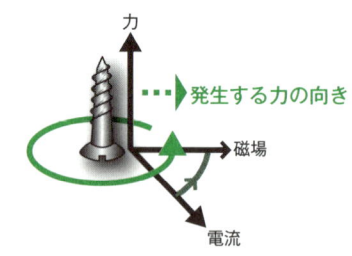

●フレミングの左手の法則

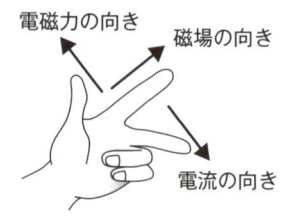

●電動機の原理

　電磁力を利用したもっとも代表的な機器は電動機（モーター）です。永久磁石で作られた磁場の中にコイルが配置されています。このコイルに電流を流したときに働く力を考えてみます（図1.13c）。

　コイルはAB、BC、CD、DAの4つの部分から成ります。ABの部分とCDの部分が受ける力は、電流の方向が反対なので逆向きの力を受けます。そしてその力が働く場所がコイルの中心からずれているために、回転力が生じます。

　コイルの面と磁場が垂直になると回転力はゼロになりますが、惰性でさらに回転します。コイル面ABCDが垂直になったときに、整流子とブラシが電流を逆向きに切り替えるので、常に同じ方向への回転力が加わり、このコイルは回り続けます。回転力はコイルの巻き数に比例します（図1.13d）。

図1.13c　電動機が回転するしくみ

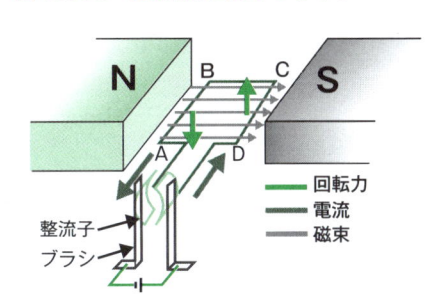

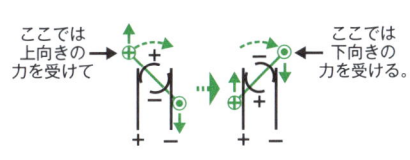

図1.13d　複数巻コイルを用いた電動機

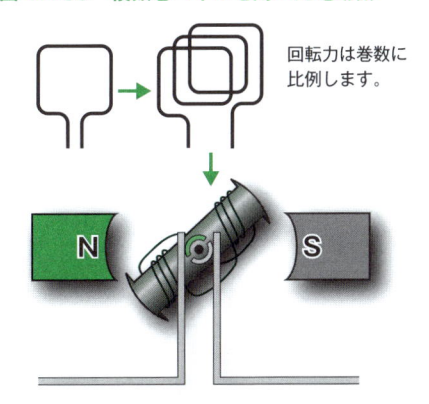

●交流モーターと直流モーター

　交流あるいは直流で回るモーターのことです。どちらでも回るモーターもあります。交流の場合には一般にはブラシや整流子が不要となります。

●永久磁石界磁電動機と巻線界磁電動機

　「界磁」とは磁場を発生させる装置のことです。巻線界磁電動機は永久磁石を使う代わりに、コイルに電流を流して磁場を発生させます。コストは高くなりますが、大きな磁場を作り出すことができます。

1-13　磁場が電流に及ぼす力　35

1-14 磁場が作る電流（電磁誘導）

●電磁誘導現象

　コイルに検流計（わずかな電流が流れたかどうかを検出する測定器）をつないで、磁石をコイルに出し入れすると、検流計の針が振れ電流が流れることがわかります。また磁石の代わりに、別のコイルを持ってきて時間的に変化する電流を流しても、電流は流れます（図1.14a）。

　これは、磁石の移動やコイルに流れる電流の変動によって、検流計をつないだコイルを貫く磁場が変化したために、コイルに電流が流れるからです。この現象を「電磁誘導」といい、そのときに生じた起電力を「誘導起電力」、流れた電流を「誘導電流」といいます（図1.14b）。

図1.14a　電磁誘導の実験
●永久磁石を動かす実験

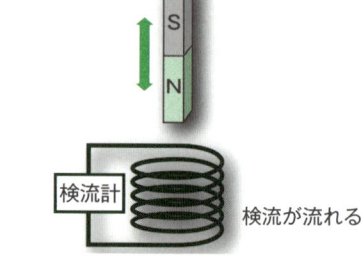

検流計　　検流が流れる

●コイルのスイッチをオンオフする実験

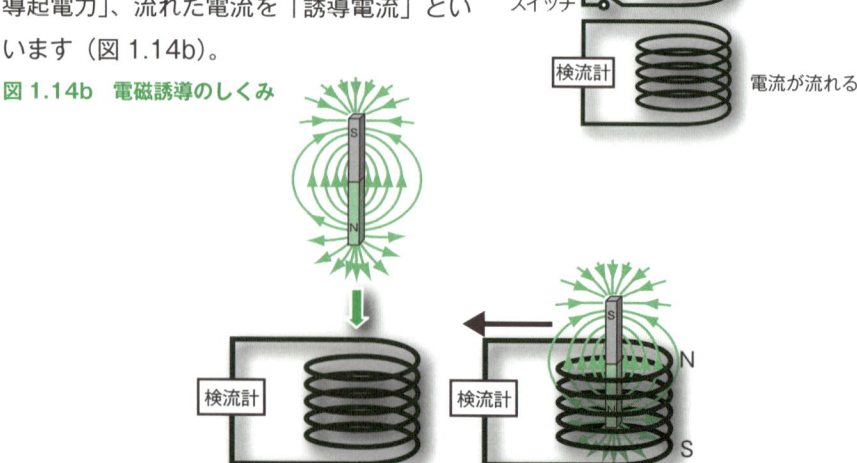

スイッチ

検流計　　電流が流れる

図1.14b　電磁誘導のしくみ

検流計

図 1.14c　誘導電流の向き

●N極を近づけたときの誘導電流

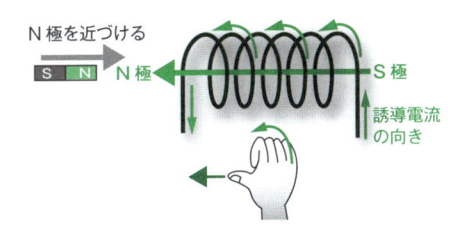

●N極を遠ざけたときの誘導電流

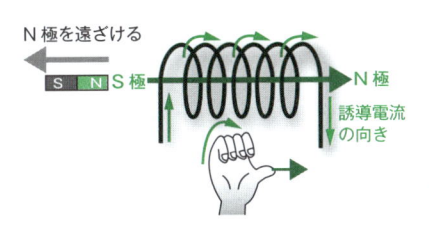

●誘導電流の向きと大きさ

ファラデーは電磁誘導の大きさとその向きついて明らかにし、「ファラデーの法則」を発見しました。誘導電流は「コイルを貫く磁束の変化を妨げる向き」に流れます。たとえば磁石のN極が近づいてきたら、コイルはこの侵入を妨げるように磁石側がN極、反対側がS極となるような誘導電流が流れます（図1.14c）。

ここらあたりから「磁場の強さ」を考えます。磁場は、視覚的には磁力線で表されますが、強さを考えるときには「磁束」と「磁束密度」というものを考えます。磁場の強さは磁束密度（磁束の単位面積当たりの密度）で表され、磁束とは、磁場の強さに面積をかけたものです。

磁場であっても、コイルの面積が大きいほど磁束は大きくなります。コイルの面と磁場の向きが垂直のときには貫く磁束は最大となりますが、平行のときにはゼロとなってしまいます。

誘導電流の大きさは、コイルを貫く「磁束の単位時間あたりの変化の大きさ」と「コイルの巻数」に比例します。磁石を急速に出し入れすれば誘導電流は大きくなります（図1.14d）。

図 1.14d　ファラデーの法則

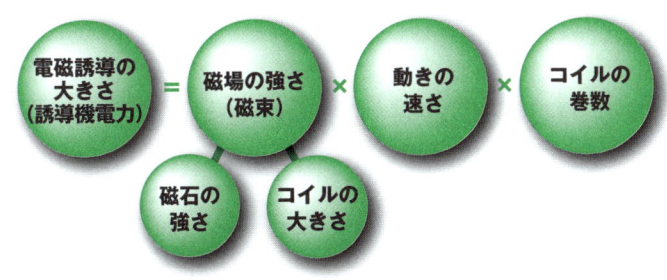

電磁誘導の大きさ（誘導起電力） ＝ 磁場の強さ（磁束） × 動きの速さ × コイルの巻数

磁石の強さ　コイルの大きさ

1-15 電磁誘導と電磁力の比較

●電磁誘導と電磁力は逆の現象

右図のように、一様な磁場に直交する2本の平行な導線の一方の端AとBを導線で接続し、このレール上に一本の導線を右向きに滑らせます（図1.15a）。

図1.15a　コの字型回路の電磁誘導

すると長方形ABQPの面積が増加して貫く磁束が増加し、そのためにPQ間に誘導電流が流れます。面積の変化は、導線が移動する速さに比例します。したがってこの速さに比例した電流が流れることになります。

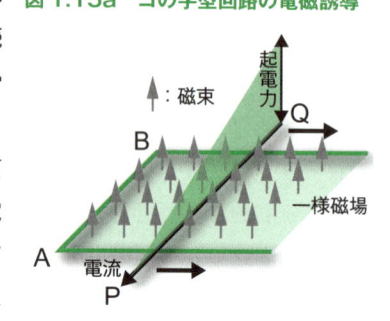

この例で起電力は導体PQ間に生じたものです。一様な磁場の中に垂直に置かれた直線導線を、磁場および導線の両方に垂直な方向に移動すると、導線には、磁場、導線の移動の速さ、導線の長さに比例した誘導起電力が発生します。

以上の説明でレールは便宜上設けたものです。このように磁場の中で導線を動かすと電磁誘導によって誘導起電力が発生します。

1-13で「磁場の中では、電流が流れている導線には力が働く」ことを学び、また1-14で「磁場の中で、力を加えて導線を動かすと電流が流れる」ことを学びました。これらは裏表の現象になっています。整理すると次のようになります。

　導線に電流を流す　⇒　導線は力を受けて動く〔電磁力〕→　発電機の原理
　導線を動かす　　　⇒　電流が流れる　　　　〔電磁誘導〕→　モーターの原理

●フレミングの左手の法則と右手の法則

磁場の中で導線を動かしたときに生じる誘導機電力の向きはフレミングの右手の法則から求まります。電磁誘導を利用した代表的な機器は発電機です。「右手の法則は発電機」、「左手の法則は電動機（モーター）」と覚えてください。左手

図 1.15b　フレミングの右手の法則・左手の法則

●フレミングの左手の法則（電磁力）　　　　●フレミングの右手の法則（電磁誘導）

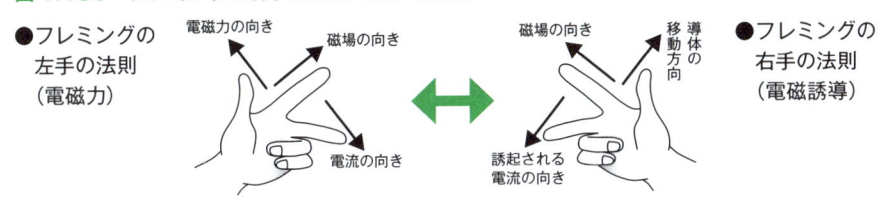

の法則では電磁力の向きが求まり、右手の法則では電磁誘導の誘導起電力の向きが求まります（図 1.15b）。

●直流発電機のしくみ

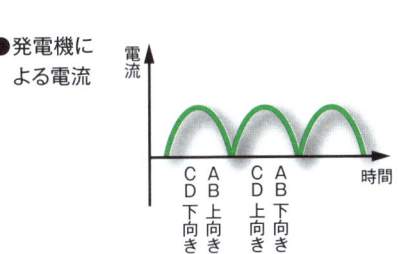

磁場中でコイルを回転することによって誘導起電力を発生させるものが発電機です（図 1.15c）。

反時計回りにコイルを回転すると、右図の位置では、AB 部分と CD 部分で誘導起電力が生じます。さらに 90 度回転した位置では、コイルの AB 部分と CD 部分の移動方向が磁場と平行になるために誘導起電力は発生しません。さらに 90 度回転すると、AB および CD の移動方向が最初の状態と反対になり、逆向きの起電力が生じますが、電動機と同様に（P.27 参照）整流子とブラシがこの向きを反転します。

図 1.15c　電磁誘導の法則と発電機
●発電機のしくみ

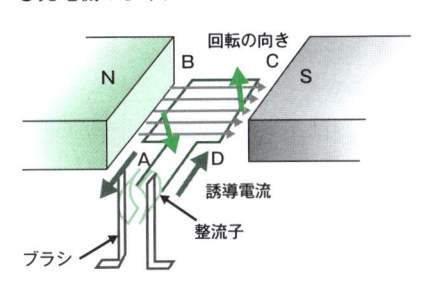

●発電機による電流

このようにして右図に示すような、絶えず同一方向の起電力を発生させることができます。これが直流発電機の原理です（交流発電機は 2-3 で解説します）。大きく脈うっている直流（脈流）は、コンデンサーなどを用いて平滑化します。

発電機はモーターと同じ構成であり、切り替えてモーターとしても、発電機としても使うことができます。ふだんはモーターとして回転力を使い、ブレーキをかけると発電機に切り替わる電動自転車はこのしくみを利用したものです。

1-15　電磁誘導と電磁力の比較

1-16 誘導電場とうず電流

●電磁誘導の2つの実験

永久磁石とコイルを用いて、2つの実験をしてみます（図1.16a）。

1つはコイルを固定して磁石を動かします（実験1）。これは前項で述べた誘導電流です。もう1つは磁石を固定してコイルを上下に動かします（実験2）。どちらも誘導電流が流れます。これらの現象のしくみをもう少し詳しく考えてみましょう。

図1.16a　電磁誘導の実験

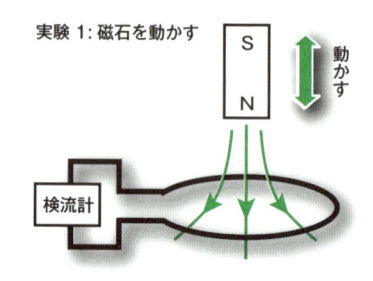

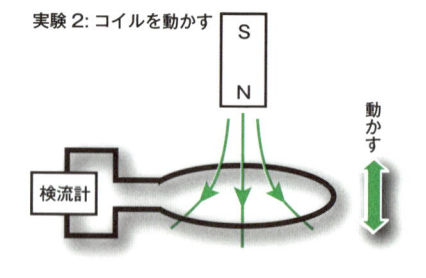

●磁石を動かした場合（実験1）

磁場が変化すると、電場が誘導されます。この電場を誘導電場といいます。この誘導電場が導体中の自由電子に力を及ぼし誘導電流を流します（図1.16b）。

●コイルを動かした場合（実験2）

コイルの中には自由電子があります。コイルを動かすと自由電子もコイルとともに動きます。磁場の中を運動する荷電粒子には、先に述べたようにローレンツ力が働きます。このローレンツ力による電子の移動が誘導電流となります（図1.16c）。

●誘導電場と静電場

磁界が時間的に変化すると、そのまわりに同心円状の誘導電場が発生します。この誘導電場に対して、電荷がその周りに作る電場のことを静電場といいます。静電場の電気力線は必ず始点と終点がありましたが、誘導電場は始点も終点もない閉回路を形成します。

図 1.16b 実験 1 の誘導電流のしくみ

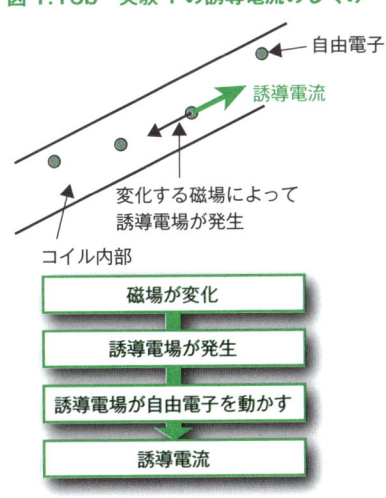

- 自由電子
- 誘導電流
- 変化する磁場によって誘導電場が発生
- コイル内部

```
磁場が変化
   ↓
誘導電場が発生
   ↓
誘導電場が自由電子を動かす
   ↓
誘導電流
```

図 1.16c 実験 2 の誘導電流のしくみ

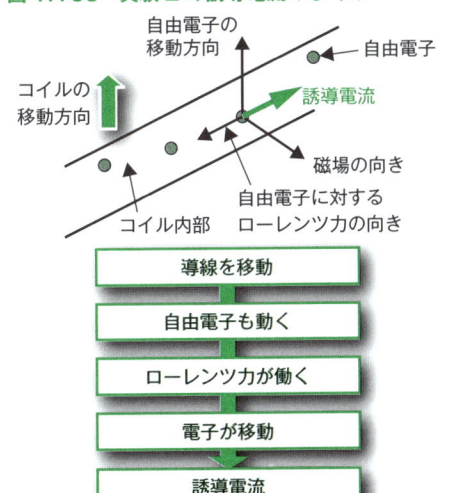

- 自由電子の移動方向
- 自由電子
- コイルの移動方向
- 誘導電流
- 磁場の向き
- 自由電子に対するローレンツ力の向き
- コイル内部

```
導線を移動
   ↓
自由電子も動く
   ↓
ローレンツ力が働く
   ↓
電子が移動
   ↓
誘導電流
```

●渦電流

コイルの代わりに銅板に対して、実験1のように棒磁石を近づけると、銅板を貫く磁束が変化して同心円状の誘導電場が発生し、電流が流れます。この電流を「渦電流」と呼びます（図 1.16d）。このしくみは電磁調理器や金属探知器、新幹線のブレーキなどに利用されています。

図 1.16d 渦電流発生のしくみ

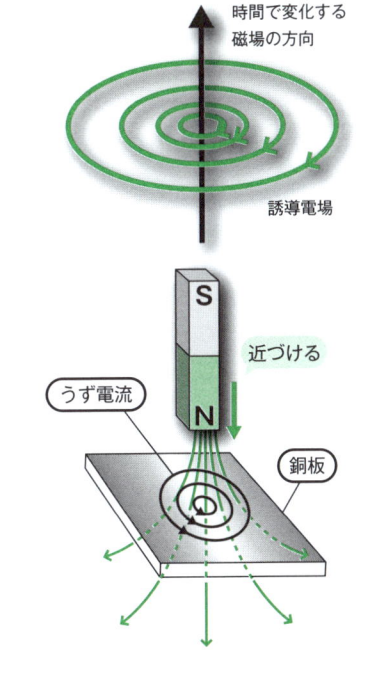

- 時間で変化する磁場の方向
- 誘導電場
- うず電流
- 近づける
- 銅板

●電磁力と相対論

2つの場合について電磁誘導を考えました。最終的に生み出される起電力は同じなのに、どうして一方の場合は磁場によるローレンツ力が原因となり、他方の場合には誘導電場が原因になるのでしょうか。この問題を解決するためには相対論を持ち込まねばなりません。

1-16 誘導電場とうず電流

第2章

電子回路と構成部品

電気製品は電子回路から構成されます。電子回路は、抵抗、コンデンサー、コイルの受動部品とダイオードやトランジスタなどの能動部品から構成されます。これらを多く集めてひとつの部品にしたものを集積回路といいます。

2-1 電子回路とオームの法則

●電子回路とは

　テレビ、パソコンなどあらゆる電気機器は、電源、抵抗、コンデンサー、コイル、ダイオード、トランジスタ、IC、LSIなどのさまざまな「電子部品」から成り立っています。電子部品には、電気を作り出す部品（「電源」といいます）と、電気を消費する部品（「負荷」といいます）があります（図2.1a）。

　これらの「電子部品」を互いに組み合わせ、接続して電気が流れる道筋を形成しています。この道筋を「電子回路」といいます。電子回路はあらゆる電気機器の基礎になるものです（図2.1b）。

図2.1a　電気機器はさまざまな電子部品から構成

分解すると…

さまざまな電子部品
電源、コンデンサー、コイル、
ダイオード、トランジスター、
IC、LSI

パソコンのマザーボード

図2.1b　電子回路の構成

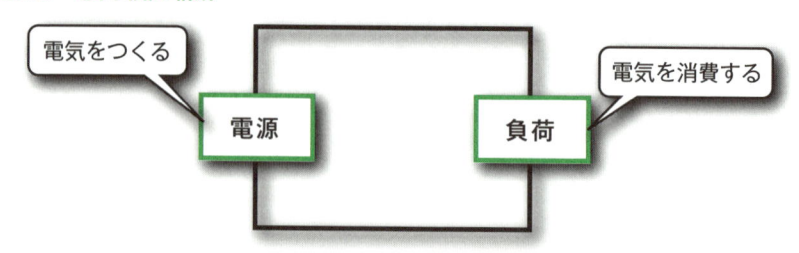

電気をつくる → 電源

電気を消費する → 負荷

●電池と豆電球だけの電子回路

まず、複雑な電子回路を考える前に、もっとも簡単な「豆電球を 1.5V の 2 個の電池に繋いで点灯する装置」を考えてみましょう（図 2.1c）。

この図は非常にわかりやすいのですが、素子がもっと増えてくると、部品をこのように実際のままに書くのは非常に面倒で込み入ってしまい、かえってわかりにくくなります。そこで簡略に表示するために、2 個の電池を 3V の起電力を持つ 1 個の直流電源で表し、豆電球を抵抗の記号（矩形）で表します。抵抗を表わす「R」は、記載する場合と省略する場合があります。これでも他の素子に対する影響は変わりません。

この図をもとにして各部に流れる電流や、任意の箇所の間での電圧を求めていくわけです。直流の場合には電源の起電力を E（単位はボルト、単位記号は V）、電流を I（単位はアンペア、単位記号は A）で表します。大文字を使っていることに注意してください。このような図を「回路図」といいます

●オームの法則

実際にこの回路に流れる電流を計算してみましょう。豆電球は電気を消費する素子であり負荷となっています。豆電球は電気の流れを妨げる働きがあります。このようなものを抵抗といいます。電流 I、電圧 E、抵抗 R（単位はオーム、単位記号はΩ）の間にはオームの法則とよばれる次の関係式があります。

$$E = I \cdot R$$

電池の起電力は 3V ですので E=3 となります。豆電球の抵抗 R は 10Ω（オームと読みます）としますと、電流 I は 0.3A となります。

図 2.1c　電子回路図（回路図を使って構成を簡略化）

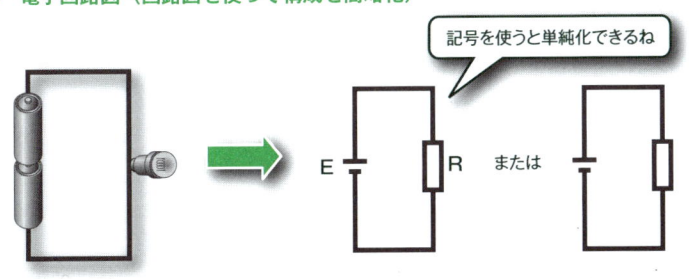

記号を使うと単純化できるね

E　　R　　または

2-2 直流と交流

●直流と交流

　電気には直流と交流があります。時間によらず、一定の方向に流れる電流を直流電流、電圧の向きが変化しないものを直流電圧といいます。
　交流とは時間によって電流の向きや電圧の方向が変化するもので、それぞれ交流電流、交流電圧と呼びます。

●いろいろな直流

　もっとも典型的な直流は（a）に示すものです。向きが一定であるだけでなく大きさも絶えず一定で「平流」と呼ばれます。その他に（b）や（c）も大きさは変化していますが流れる向きは絶えず一定で、やはり直流の仲間です。これらは「脈流」と呼ばれます。特に（c）の場合は「パルス電流」と呼ばれます（図2.2a）。

●いろいろな交流

　もっとも典型的な交流は（d）に示すもので「正弦波」と呼ばれます。その他、矩形波（e）、のこぎり波（f）、その他さまざまな波形があります（図2.2b）。

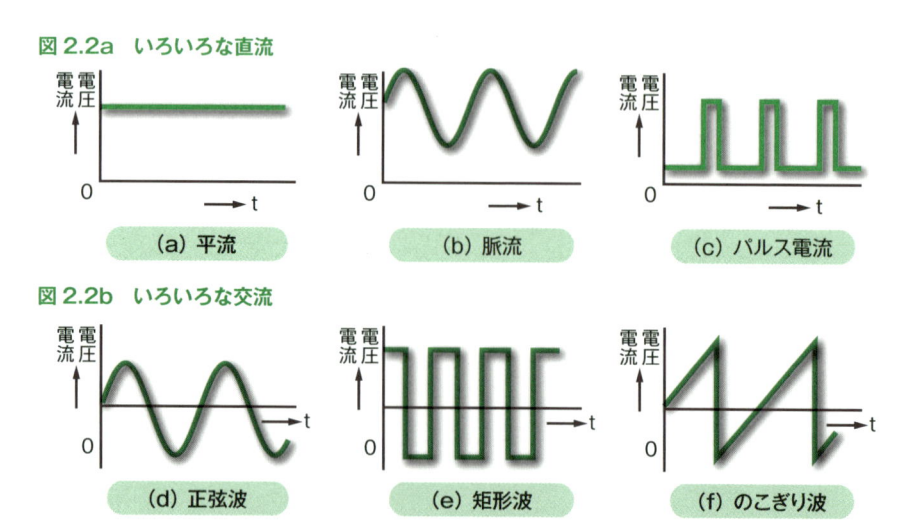

図2.2a　いろいろな直流

(a) 平流　　(b) 脈流　　(c) パルス電流

図2.2b　いろいろな交流

(d) 正弦波　　(e) 矩形波　　(f) のこぎり波

●直流と交流の利用分野

　テレビ、冷蔵庫、パソコンなど多くの電気機器の内部の電子部品は直流で稼働します。また、これらへ直接電力を供給する乾電池やバッテリーも直流電流を供給します。

　一方、家庭に送られている電気は交流です。交流は、変圧器によって電圧が簡単に変更できるという長所があります。大きな電力を使用する業務用エアコンなどの中には交流で稼働するものもあります。一般に大きな電力をあつかうエアコンやモーターなどに良く使われます。

●直流と交流の変換

●コンバータ（整流器）

　ダイオードを利用して交流を直流に変換する機器のことです。ダイオードは一方方向にしか電流は流しません。しかしこのままでは半分の電流しか利用できていませんので、実際は複数個のダイオードを使って両方向とも利用できるようにしています。さらに、コンデンサーなどを用いて波形を平滑化します（図 2.2c）。

●インバータ

　直流から交流に変換する機器です。周期的にスイッチを切り替えることによって変換します（図 2.2d）。実際はこの操作は電子部品で行ないます。

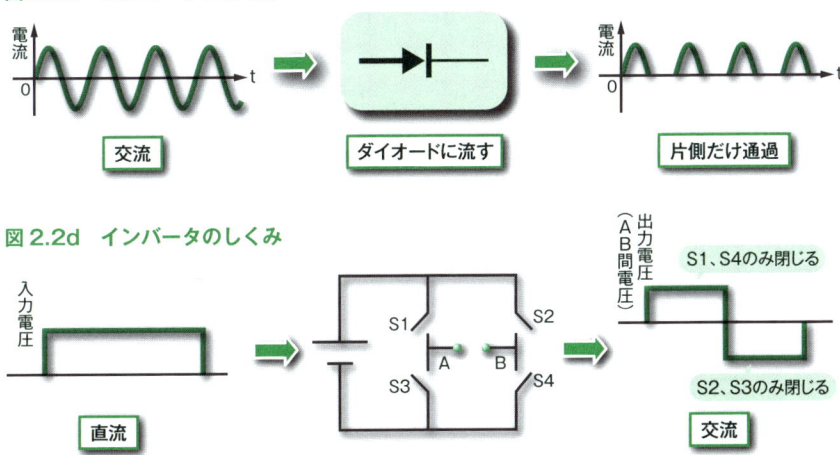

図 2.2c　コンバータのしくみ

交流 → ダイオードに流す → 片側だけ通過

図 2.2d　インバータのしくみ

入力電圧（直流）→ S1, S2, S3, S4 → 出力電圧（AB間電圧）　S1、S4のみ閉じる／S2、S3のみ閉じる（交流）

2-2　直流と交流

2-3 交流の発生と4つの基本量

●交流発電機

　直流発電機については 1-15 で説明しました。交流発電機と直流発電機が異なるのは整流子とブラシの構造だけです。

　ここではテスラが考案した「二相交流発電機」を紹介しましょう。コイルが停止して永久磁石が回転する構造になっています。コイルが動いても永久磁石が動いても、ともに誘導電流が流れることは 1-16 で説明しました。

　コイルを 2 組用いています。このようにすると 2 組の交流を取り出すことができ、効率的です（図 2.3a）。コイルを 3 組用いると 3 組の交流（三相交流発電機）を取り出すことができます。発電所では三相交流が作られ送電されています。

図 2.3a　交流発電機
●テスラの二相交流発電機
●二相交流

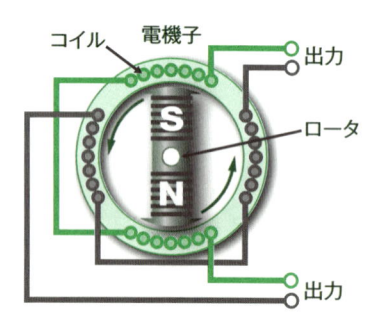

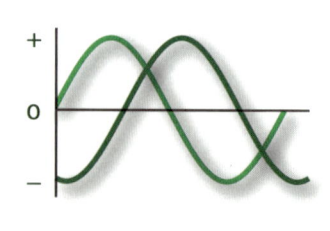

図 2.3b　交流回路記号図
●交流電源記号
●交流電源のある回路図

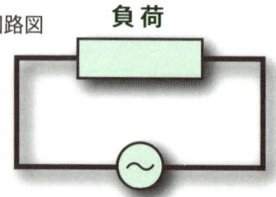

●交流の基本的な性質を決める4つの基本量

　直流のときには、電圧や電流を考える上で「電圧や電流の大きさ」だけしか考える必要がありませんでした。それに対して交流の場合には少し複雑になります。交流の場合には、電圧や電流の大きさの他に、波形（波の形）、波の変化の速さ、波の位相の3つを考慮しなければなりません（図2.3c）。次項で順に解説します。

●変化の速さ・・・周波数と周期

　交流では、いくつもの同じ形の波が繰り返し送り出されていきます。1秒間に送られる波の数のことを周波数といい、fで表わします。単位はHz(ヘルツ)です。また1つの波がうまれてから完成するまでの時間を周期といい、Tで表します。単位は秒です。周期Tは周波数fの逆数になります。

　周波数の代わりに「角周波数」（または角速度）を用いることもあります。1つの波が進むと角度は360度すなわち2π rad（ラジアン）進んだと考えます。したがって角周波数は周波数に2πをかけたものとなります。

●周波数と振動数

　周波数に似た言葉として振動数という言葉があります。意味は同じですが、電気の分野では周波数という言葉が使われ、物理の分野では振動数という語が用いられることが多いです（図2.3d）。

図2.3c　交流を特徴づける4つの量

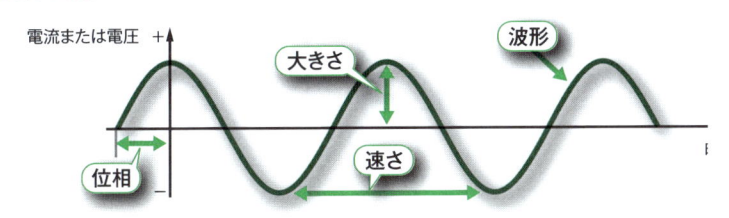

図2.3d　周波数と周期の関係

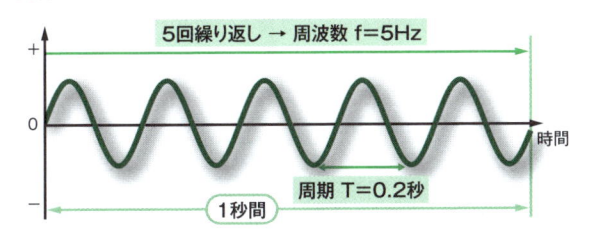

2-4 波の大きさ・位相・波形

●波の大きさ

波の大きさを表現するには、(1) 瞬時値、(2) 最大値、(3) 実効値、(4) ピークツーピーク値、が用いられます(図2.4a)。

瞬時値とはその瞬間における波の大きさです。したがって時間とともに変化します。最大値とは、波がもっとも大きくなったときの値です。V_m や I_m という記号がよく使われます。m は最大値を表す maximum から来ています。

実効値とは、「消費電力が直流で求まる式と同じになるように定められた表現形式」で、もっともよく使われます。実効値で表された電圧 V と電流 I をかけると消費電力が得られます。最大値である V_m や I_m を $1/\sqrt{2}$ 倍しても求めることができます。

ピークツーピーク値は、波の高低差で表したもので、最大値の2倍になります。

図2.4a 交流の大きさを表す4つの量

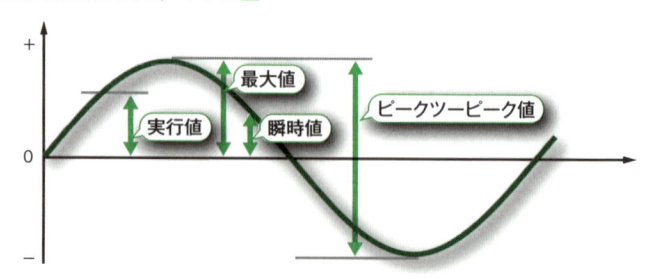

図2.4b 実効値
実効値で現わせば、消費電力は直流も交流も同じ式になる。

交流の消費電力 = 電圧の実行値 × 電流の実行値
↕ 同じ式
直流の消費電力 = 電圧 × 電流

●波の位相と位相差

「位相」とは波の進み具合を表す数値です。右図のような2つの波を比較してみます。Aの波とBの波は波の大きさ、形は同じですが時間のずれが生じています。Aの波は $\varDelta t$ 秒経過するとBの波の状態になります。

図2.4c　2つの波の位相差

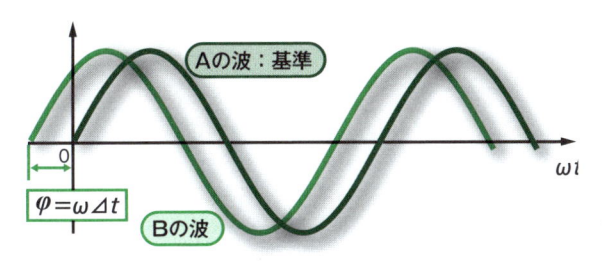

すなわちBの波はAに比べて $\varDelta t$ 秒進んでいることになります。この時間のずれを、$\varDelta t$ に角速度 ω をかけた量で表したものを「位相差」と言います。Bの波はAの波に比べて位相が $\varphi\,(=\omega\varDelta t)$ だけ進んでいると表現します。

2つの電圧波形同士や電流波形の間での位相差を問題にする場合もあれば、電流波形と電圧波形の間の位相差を問題にする場合もあります。

●波の波形

今まで主に波の形が正弦波のものだけを考えてきましたが、これ以外のものもあります。「ひずみ波交流」あるいは「非正弦波交流」と言われています。これらのあつかいはどうすればいいのでしょうか。

フランスのフーリエは、あらゆる周期的に変化する波は、周波数の異なる正弦波を適当に重ね合わせることによって実現できることを証明しました。すなわちひずみ波交流は周波数の異なる正弦波に分解できることになります。それぞれの正弦波を解析することによってひずみ波を解析することができます（図2.4d）。

図2.4d　フーリエの定理
●どんな波も周波数の異なる正弦波の合成で表すことができる。

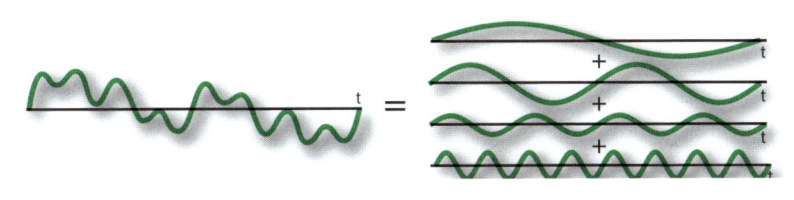

2-5 抵抗とはどんなものか

●抵抗とオームの法則と位相差

抵抗器は電流の流れを妨げる部品です。抵抗 R の両端に交流あるいは直流の電圧 V をかけたとき、流れる電流 I は

$$I=V/R$$

で計算できます。これを「オームの法則」といいます。オームの法則は直流の場合にも交流の場合にも成り立ちます。交流の場合、次に述べるコンデンサーやコイルの場合には、電圧と電流の間に位相差が生じますが、抵抗の場合には電圧と電流の間に位相差が生じない点に注意してください。

- 抵抗器　　　　位相差は不変
- コンデンサー　電流の位相が進む
- コイル　　　　電流の位相が遅れる

●抵抗値を変えることのできる抵抗器

- 固定抵抗器　……　抵抗値は一定です。
- 可変抵抗器　……　抵抗値を変えることができる抵抗器。
- 半固定抵抗器　…　抵抗値を変えることができますが、一度設定したらそのままの値で使用します。

可変抵抗器と半固定抵抗器をまとめてボリウムともいいます。

図 2.5a　抵抗の電気記号

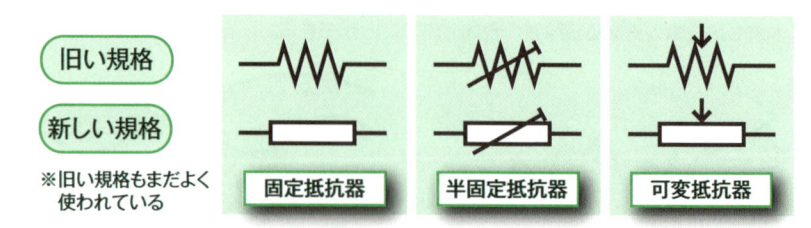

●抵抗の用途

オームの公式からわかるように抵抗の値を変えることによって電流値をコントロールできます。また抵抗を直列接続することによって、電圧を分圧することができます。またコンデンサーと一緒に用いることもよくあり、代表的な回路としてＣＲ回路があります。フィルター回路などとして使われます（図2.5b）。

●抵抗の種類

リード線を持つタイプと、リード線がなく基盤の表面に貼るように実装する面実装抵抗器（チップ抵抗）と呼ばれるタイプがあります（図2.5c）。従来、リード線を持つタイプが主流でしたが、電子機器の小型化に伴い、面実装抵抗器が主流になってきています。小型の電子機器では1mm以下の大きさになります。

●抵抗の温度依存性

抵抗に電流が流れると温度が上昇します。一般に金属は温度が上昇すると抵抗は大きくなります。温度変化に対して抵抗値が大きく変わるものもあります。このようなものは「サーミスター」と呼ばれ、温度測定用センサーとして用いられます。

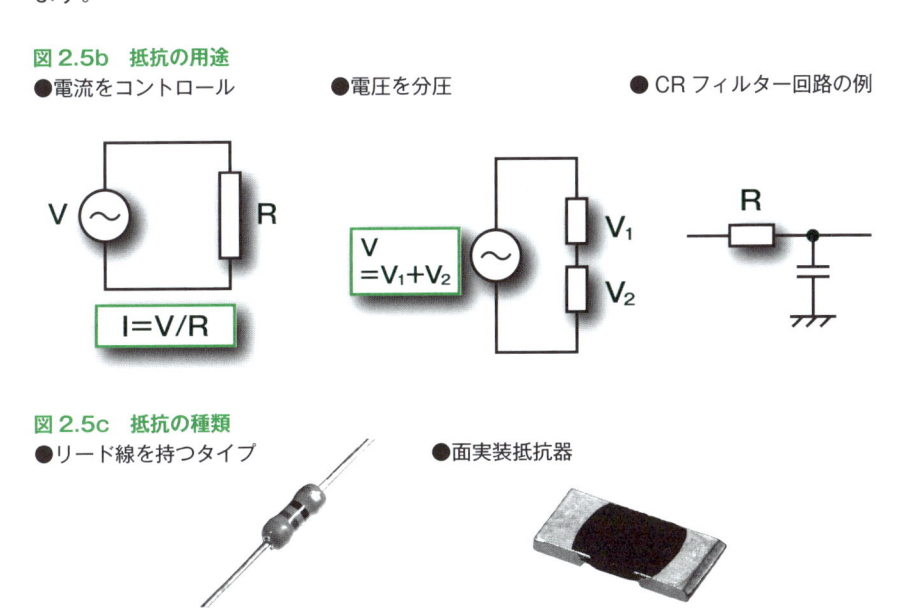

図2.5b　抵抗の用途
●電流をコントロール　　●電圧を分圧　　●CRフィルター回路の例

$I = V/R$

$V = V_1 + V_2$

図2.5c　抵抗の種類
●リード線を持つタイプ　　●面実装抵抗器

2-6 コンデンサーとは何か

●電気を蓄える部品

コンデンサーのもっとも基本的な使い方は「電気を蓄える」ことです。

コンデンサーは、2枚の金属平板の間を誘電体で満たした構造になっています。この金属平板に電池をつなぐと、一瞬電流が流れ（実際は自由電子が移動）、それぞれの金属板にプラス（電子が不足の状態）及びマイナスの電気が溜まります。

蓄えられる電気量Qは加える電圧Vに比例し、Q＝C・Vの関係があります。Cをコンデンサーの電気容量といいます。値が大きい程多くの電気を蓄えることができます。蓄えられる電気量の単位は「F」（ファラッド）です。通常はFでは大き過ぎるので「μF」（マイクロファラッド）、「nF」（ナノファラッド）、あるいは「pF」（ピコファラッド）が使われます。

●直流回路におけるコンデンサー

電池につないだコンデンサーにいったん十分な電気が蓄えられると、それ以上の電気の移動はありません。すなわちコンデンサーは直流を通さないということになります（図2.6a）。

図2.6a　コンデンサーのしくみ

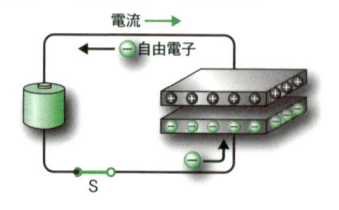

蓄えられる電気量
　＝　電気容量×印加電圧
電気容量を大きくするには
　・誘電率が大きな材料を選ぶ
　・表面積を大きくする
　・金属板の面間隔を狭くする

図2.6b　コンデンサーの電気記号

●コンデンサー　　●電界コンデンサー　●可変コンデンサー

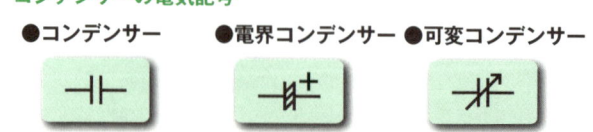

●交流回路におけるコンデンサー

交流電圧をかけるとどうなるでしょうか。金属板には電圧の向きに応じてプラスの電気とマイナスの電気が交互に貯まります。そのためみかけ上電流が流れているようにみえます。電圧Vと電流Iの間には、抵抗のオームの法則と同様に、

$$V = X_c \cdot I$$

という関係式が成立ちます。X_c は「容量リアクタンス」といい、電流の通りにくさを表します。単位は抵抗と同じΩです。周波数が低いほど、また電気容量が小さくなるほど電流が流れにくくなります。

またコンデンサーは、電圧と電流の位相差を変える性質があり、加えた電圧よりも電流の位相は $\pi/2$ だけ進みます。

●主なコンデンサーの種類

- セラミックコンデンサー：
  誘電体層がセラミックの製品で、容量は小さいが高電圧に耐えます。
- 電解コンデンサー：
  金属表面を酸化し、その皮膜層を誘電体層に利用する大容量の製品です。
- 電気二重層コンデンサー：
  固体と液体との界面に正負の電荷を蓄える電気二重層という原理を使ったもので、大容量で蓄電装置として利用されます。
- 可変コンデンサー：
  容量を変えることができます。「バリコン」とも呼ばれます。

(提供元：ミツミ電機)

要点 2.6　交流とコンデンサーのまとめ
- ●交流を通す
- ●周波数が高いほど流れやすい
- ●オームの法則が成り立つ（容量リアクタンスが抵抗に相当）
- ●電圧と電流の間には位相差が生じ、電流は $\pi/2$ 進む

2-7 コイルはどのように使うか

●自己誘導

コイルと抵抗を直列に接続し直流の電圧（V）をかけてみます。電流はオームの法則から V/R となりますが、電圧をかけた瞬間に、この値に到達するのではなく、少し時間がかかります。これはコイルに流れる電流によって、自分自身を貫いている磁場が変化しそのために誘導起電力が生じたためです。この現象を「自己誘導」といいます（図 2.7a）。

自己誘導による起電力は自分自身に流れる電流の変化に比例します。このときの比例係数を自己インダクタンスといいます。単位は「ヘンリー」(H)で表します。電子回路に組み込まれたコイルは「インダクタ」とも呼ばれます。

●相互誘導

２つのコイルを近くに配置します。コイル１には直流の電源とスイッチを接続します。スイッチを閉じると、コイル１に電流が流れ磁場が発生します。この磁場はコイル２に入り込み、コイル２に誘導起電力が生じます（図 2.7b）。

図 2.7a　自己誘導のしくみ
コイルに直流電圧を印加 ⇒ コイル両端の電圧が変化
一定値に達するのに時間がかかる。

図 2.7b　相互誘導のしくみ
コイル１に電流を流すとコイル２に誘導起電力発生

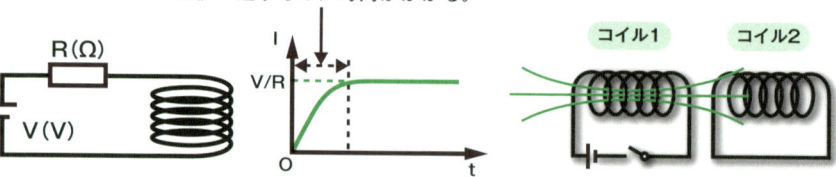

図 2.7c　インダクタの電気記号

| インダクタ（コイル巻き線） | ⌒⌒⌒ |
| インダクタ（鉄心入り） | ⌒⌒⌒ (with bar) |

誘導起電力はコイル1を流れる電流の変化に比例し、この比例係数を「相互インダクタンス」といいます。単位は自己インダクタンスと同じ「ヘンリー」(H)です。

●直流・交流回路におけるコイルの反応

コイルに直流電圧をかけると、一瞬誘導起電力が生じますが、その後の定常状態では単なる導線として機能します。

コイルに交流電圧Vをかけると、電圧Vと電流Iの間には、やはりオームの公式、

$$V = X_L I、ここで X_L = 2\pi f L$$

という関係が成立ち、コイルも交流回路の中では電流の流れを妨げる働きをします。X_L を「誘導リアクタンス」といいます。単位は抵抗と同じΩです。

誘導リアクタンスは 2π ×周波数 (f) ×インダクタンス (L) で計算することができます。周波数が高いほど、またインダクタンスが大きいほど電流は流れにくくなります。コイルも電圧と電流の位相を変える性質があります。加えた電圧よりも電流の位相は $\pi/2$ だけ遅れます。

●コイルの種類

- コアコイル
  コアと呼ばれる強磁性体に導線を巻いたコイル。コアを抜き差して、インダクタンスを調整できるものもあります。
- 空芯コイル：
  コイル円筒の中にコアが入らないもの。耐電力が大きく、インダクタンスが小さく、高周波回路に用いられます。
- トロイダルコイル
  ドーナツ状のトロイダルコアに導線を巻いたもの。周囲の磁場の影響を受けにくく、磁場の漏れが少なく周囲にも影響を与えず安定性に優れています。高周波回路に用いられます。

(提供元：コイル・スネーク)

> **要点 2.7 交流とコイルのまとめ**
> ●交流電流の流れを妨げる作用をする。
> ●周波数が高いほど流れにくい。
> ●オームの法則が成り立つ（誘導リアクタンスが抵抗に相当）
> ●電圧と電流の間には位相差が生じ、電流は $\pi/2$ 遅れる

2-8 消費電力とは何か

●直流における消費電力

負荷に供給される電圧 V と流れる電流 I の積が消費電力となります。単位は「ワット」(W) です。抵抗 R (Ω) の消費電力は、

$$W=IV、V=IR \Rightarrow W=V^2/R$$

となります。コンデンサーには電流が流れませんから、消費電力はゼロです。コイルは直流に対しては単なる導線として機能します。実際の導線には小さくとも抵抗 R がありますから消費電力は V^2/R となります。

●交流における消費電力

負荷が実際に消費する電力 P を有効電力といいます。交流の場合には、電圧と電流の間に位相差が生じるために、単純に電圧 V と電流 I を掛けても求めることができません。有効電力は、電圧と電流の位相差 θ を使って次式で計算できます（2-3、2-4 などでは θ で位相を表しましたがここでは位相差を表します。図 2.8a）。

$$P=VI\cos\theta$$

単位は「ワット」(W) です。VI を「皮相電力」といい単位は「ボルトアンペア」(あ

図 2.8a 各瞬間の有効電力

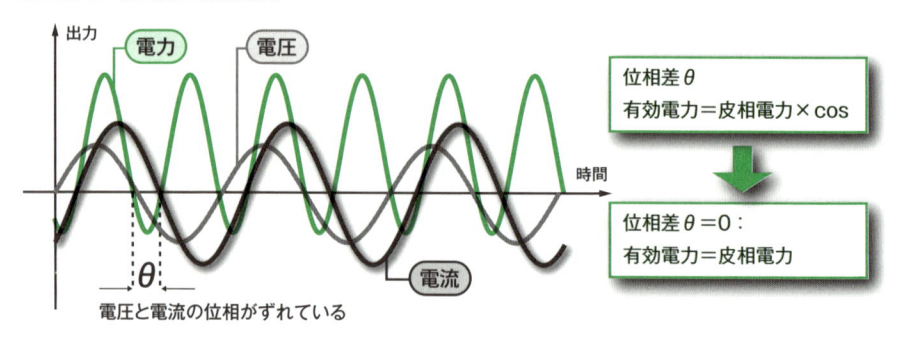

位相差 θ
有効電力＝皮相電力×cos

位相差 θ＝0：
有効電力＝皮相電力

電圧と電流の位相がずれている

るいはヴイエー、VA）です。cos θ を「力率」といい、電力がどれだけ有効に使われているかを表しています。1 のときがもっとも効率よく電力が利用されています（表2.8）。

表2.8　おもな家電製品の力率

カラーテレビ	0.6
ビデオ	0.6
パソコン	0.6
ノートパソコンアダプタ	0.4

電圧と電流の積に sin θ をかけたものを無効電力といいます。この単位は「バール」（var）です。

（皮相電力）^{2} =（有効電力）^{2} +（無効電力）^{2}

という関係があります。

●電力料金

力率が改善できると送電線を流す電流が少なくて済み、そのために変圧器の負担が軽くなる、送電損失が低減できるなどのメリットがあります。一般的な家庭で契約している従量電灯の電力料金は有効電力の使用量に対して課金されますが、標準電圧200V（交流三相3線式）の低電圧契約の場合には、力率によって電気料金が異なります。力率を改善して電気料金を節約することができます。

●力率改善方法

一般に多くの負荷では電流の位相が遅れることが多いので、この改善のために、負荷に並列に位相を進める性質を持つコンデンサーを接続します。このコンデンサーのことを「力率改善コンデンサー」あるいは「進相コンデンサー」といいます（図2.8b）。

図2.8b　力率改善コンデンサー
●コンデンサーを付加して力率改善
●力率改善コンデンサーの例

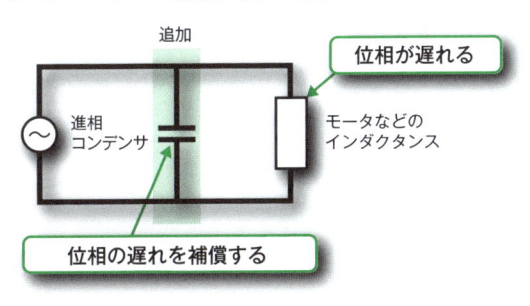

（提供元：パナソニック）

2-9 ダイオードとは何か

●ダイオードの構造

「アノード」と「カソード」の2つの端子を持ち、アノードからカソード方向には電流が流れますが逆方向には流れない電気素子を「ダイオード」といいます。このように一方向にしか電流が流れない働きを「整流作用」といいます。

● PN接合型ダイオードと動作

P型半導体とN型半導体を接合して作られたダイオードで、もっともよく使われています。P型半導体からアノード電極が引き出され、N型半導体からカソード電極が引き出されています（図2.9a）。

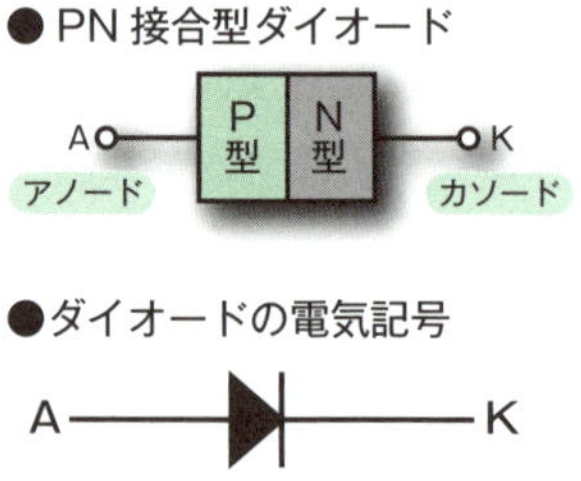

接合部では互いの電子とホールが結合しキャリヤ（電子やホール）が存在しません。この部分を「空乏層」といいます。

図2.9a　ダイオードの構造と電気記号
● PN接合型ダイオード
● ダイオードの電気記号

アノード電極にプラス、カソード電極にマイナスの電圧をかけると、P型半導体のホールはカソード電極に引き付けられ、N型半導体の自由電子もアノード電極に引き付けられ、アノードからカソードに電流が流れます。しかし逆向きの電圧をかけたときは、ホールはアノード電極に、自

図2.9b　ダイオードの動作
●アノードにプラス電圧を印加した場合：
●アノードにマイナス電圧を印加した場合：

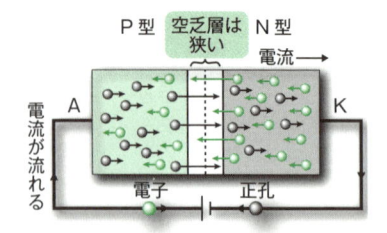

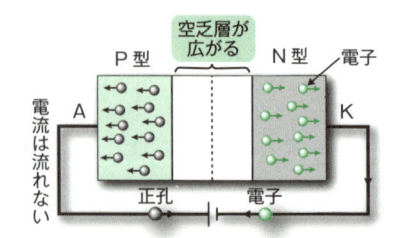

由電子はカソードに引き付けられて空乏層が広がり、電流は流れません（図2.9b）。

●順方向と逆方向

電流が流れる方向を「順方向」、流れない方向を「逆方向」といいます。またこのように電圧をかけることをそれぞれ「順方向バイアス」「逆方向バイアス」といいます。ダイオードには帯状の印が付いており、この印がどちら向きに流れるかを示しています。帯の付いているほうがカソード側です（図2.9c）。

図2.9c　ダイオードの外観
●方向を示す帯状の印

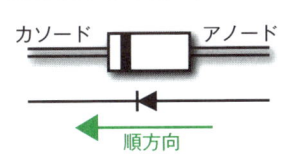

●電圧電流特性

ダイオードに電圧を加えたときに流れる電流との関係を右図に示します。V_1以上の順電圧をかけてはじめて電流が流れます。したがってこの値以上の電圧で使うことになります（図2.9d）。

逆方向の電圧に対してはほとんど電流が流れませんが、ある値V_2になると急激に電流が流れ始めます。この電圧を「降伏電圧」といいます。降伏電圧を超えないように使わないといけません。

図2.9d　電圧電流特性

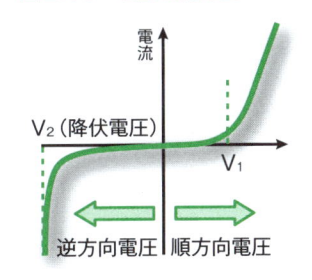

●ダイオードブリッジ

2-2でコンバータについて説明しましたが、1個のダイオードでは半波整流しかできません。全波整流には、4個のダイオードを組み合わせる必要があります。4個のダイオードを組み合わせたものを「ダイオードブリッジ」といいます（図2.9e）。

図2.9e　ダイオードブリッジ
●半波整流 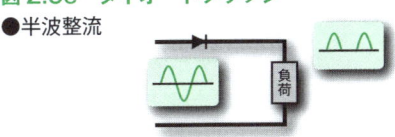
●全波整流（ダイオードブリッジ）

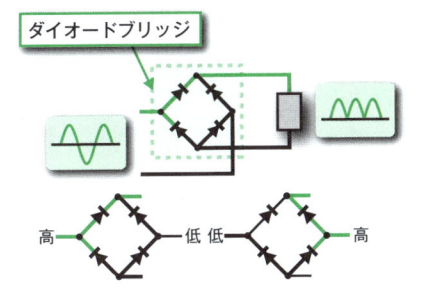

2-9　ダイオードとは何か

2-10 いろいろなダイオード

●フォトダイオード

　pn接合構造のダイオードの空乏層に十分な光が当たると、自由電子と正孔のペアができ、これらがキャリアとなって移動し電流が流れます。これは「光起電力効果」といわれます（図2.10a）。

　これは、光検出センサーとして、DVDプレーヤー、テレビのリモコン、煙検出器をはじめとして広い分野で使われています。このしくみを利用した太陽電池もあります。

図2.10a　フォトダイオードのしくみ

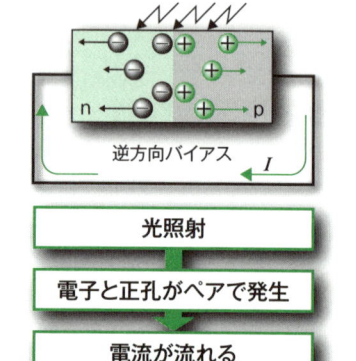

光照射
↓
電子と正孔がペアで発生
↓
電流が流れる

●発光ダイオード（LED）

　電流を流すと発光する電気素子で、LED（Light Emitting Diode）とも呼ばれます。順方向に電圧を加えると、接合部で自由電子とホールが再結合し、このときに発生するエネルギーが光となって放出されます（図2.10b）。

　半導体材料を選定することによってさまざまな色の光を作り出すことができ、熱を放出しないので非常に発光効率が高く、未来の光源として期待されています。またDVDは、波長の短い青色のダイオードの開発によって格段に記録密度を向上させることができました。

図2.10b　発光ダイオードのしくみ

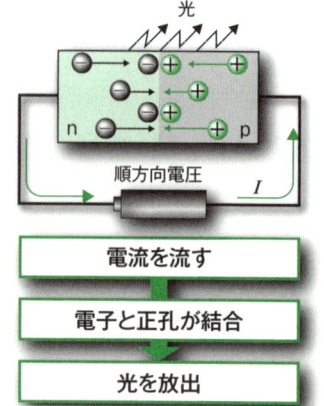

電流を流す
↓
電子と正孔が結合
↓
光を放出

●ツェナーダイオード（定電圧ダイオード）

　逆方向電圧を大きくしていくと、降伏電圧（ツェナー電圧ともいいます）に達

し急激に電流が流れ出します（2-9参照）。この領域では電流が変わっても、電圧はほとんど変わりません（図2.10c）。絶えず一定の電圧を必要とする定電圧電源などに使われます。

●トンネルダイオード

前節でpn接合の接合部は空乏層となっていることを説明しました。通常はこの空乏層によって逆方向電流は流れません。しかしトンネルダイオードは不純物の濃度を上げて空乏層の壁を非常に薄くしたもので、量子力学によるトンネル効果によって逆バイアスでも電流が流れます。

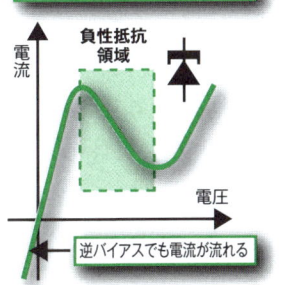

また順バイアス電圧の領域でも、電圧が上昇すると電流が減少する「負性抵抗」という現象が現れます。マイクロ波発振器などに利用されています（図2.10d）。

●可変容量ダイオード

電圧を変えることによって電気容量を変化させる素子であり、「バリキャップ」あるいは「バラクタ」といいます。

空乏層はコンデンサーを形成しています。PN接合の逆方向に電圧をかけ、大きさを変えていくと、空乏層の厚みが広がり、コンデンサーの容量を変えることができます（図2.10e）。テレビのチューナーなどに使われています。

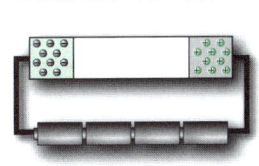

図2.10c　ツェナーダイオードの電圧電流特性

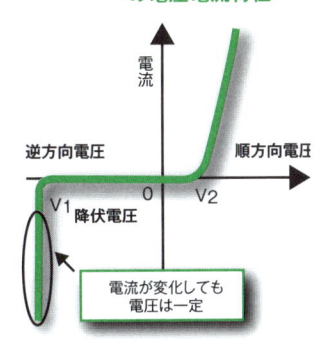

図2.10d　トンネルダイオードの電圧電流特性

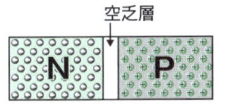

図2.10e　可変容量ダイオードのしくみ
●印加電圧が低い場合　　　●印加電圧が高い場合

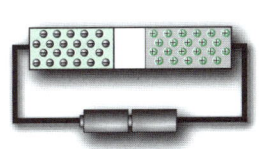

2-10　いろいろなダイオード

2-11 バイポーラトランジスタとは何か

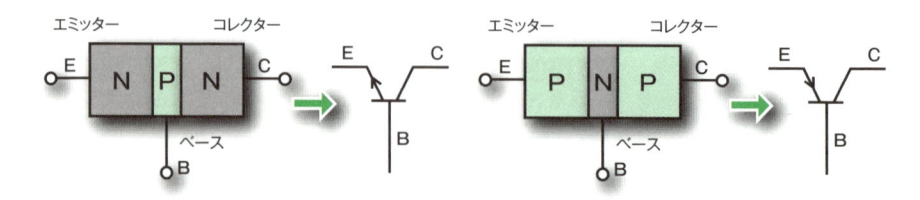

●トランジスタの分類

　トランジスタとは、半導体から作られる3つ以上の端子を持った電気素子で、増幅などの機能を持っています。非常に多くの種類がありますが、大きく分けると「バイポーラトランジスタ」と「電界効果トランジスタ」(FET)の2種類があります。

　バイポーラトランジスタは半導体の接合の構成の違いから「NPN型」と「PNP型」に、電界効果型トランジスタは「接合型FET」と「MOS型FET」に分けることができます。

●バイポーラトランジスタとその長短所

　もっともよく使われてるトランジスタはバイポーラトランジスタです。N、P、Nの3種類の半導体が接合されているものをNPN型、P、N、Pの3種類の半導体が接合されているものをPNP型といいます。それぞれの半導体を「エミッタ」「ベース」「コレクタ」といいます(図2.11a)。

　FETに比べると、消費電力が大きい、作成や集積化の点で少し劣るという欠点があり、大きな電力をあつかう用途や高周波用には不利となります。

　現在はNPN型の方が多く使われています。動作原理の点ではNPN型とPNP型では大きな差はありませんのでNPN型について説明します。

図2.11a　バイポーラトランジスタ
● NPN型　　　　　　　　　　● PNP型

図 2.11b　トランジスタを用いた増幅回路

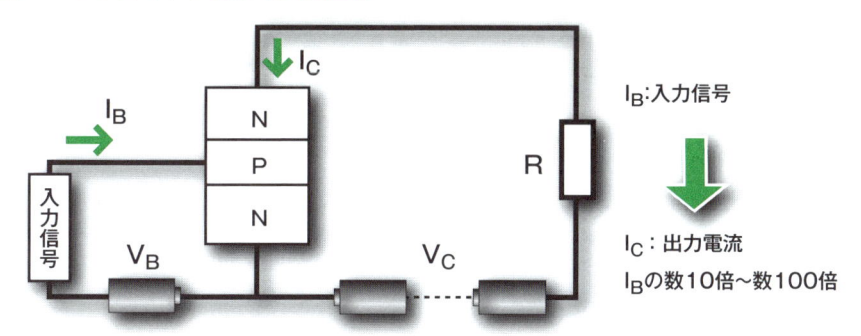

I_B：入力信号
I_C：出力電流
I_B の数10倍〜数100倍

●増幅回路

図2.11bのように電圧を加えます。ベースにごくわずかの電流を流すだけで、コレクタには、その数10倍から数100倍の大きな電流が流れます。

小さな入力に対して大きな出力を得ることを増幅といいます。バイポーラトランジスタを用いると非常に大きな増幅率を得ることができます。この特徴を生かしてテレビやラジオなどの増幅器によく利用されています。

●スイッチング回路

ベースに流すごくわずかの電流をオン・オフするだけでコレクタに流れる大きな電流のオン・オフをすることができます。このような回路を「スイッチング回路」といいます。

●バイポーラトランジスタの構造

シリコンチップをプラスチックのパッケージで包み、足と呼ばれる3本の電極を取り出した外観になっています。現在は回路がIC化されたものが多くトランジスタもICの中の構成要素となってきています。それに対して単体の部品をディスクリートといいます。ディスクリートも機器の小型化に伴い実装しやすく小型化のできる面実装品（チップトランジスタ）が多くなってきています。

図 2.11c　外観
● 3本足トランジスタ
● チップトランジスタ

2-12 電界効果型トランジスタやサイリスタとは何か

●電界効果型トランジスタ（FET）

　外部からの電界によって電流を制御するトランジスタです。バイポーラトランジスタは電流の運び手がホールと電子の両方でしたがFETの場合はホールか電子のどちらか1つだけです。そのために「ユニポーラトランジスタ」とも呼ばれます。増幅素子やスイッチング素子としてよく利用されます。

　バイポーラトランジスタと比較して、構造が平面的なため作成が容易で、集積化に有利という特徴を持っています。LSIに組み込まれるトランジスタの中ではもっともよく使われます。

　端子は「ソース」「ドレイン」「ゲート」の3つです。ソース、ドレイン間に電圧をかけることによって、電流はソースからドレインに流れようとします。しかしN型半導体とP型半導体の間には空乏層があるため電流は流れません。この状態でゲート・ソース間に電圧をかけると電界が発生し、空乏層が追いやられ電流が流れます（図2.12a）。電流が流れる部分のことをチャネルといいます。ゲート部の構造の違いにより接合型FETとMOS型FETに区分されます。

●接合型FETの構造

　ゲート部分がPN接合になっているFETです（図2.12b）。高速動作が可能ですが、消費電力は大きく、また集積度はMOSFETほど上げられないという欠

図2.12a　FETのしくみ
●ゲート電極に電圧→電界が発生→空乏層を追いやる→電流が流れる

電流は流れない	電流が流れる
ソース　空乏層　ドレイン	ソース → ドレイン
ゲート電圧オフ ⇒ 門を閉じてる状態	ゲート電圧オン ⇒ 門を開いた状態

図 2.12b　接合型 FET の構造
図 2.12c　MOS 型 FET の構造

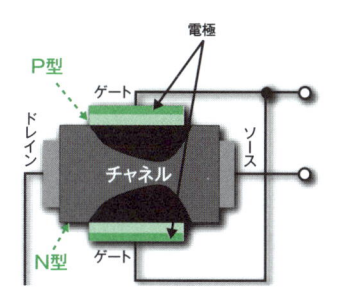

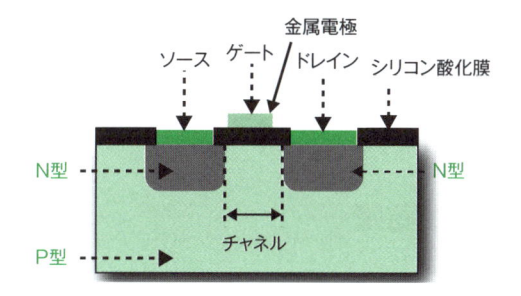

点があります。

● MOS 型 FET の構造

ゲート領域はシリコンの酸化膜とその上に金属を形成しています（図 2.12c）。この構造のために MOS（Metal Oxide Semiconductor）という名前がつけられています。現在の電子機器で使用される集積回路では必要不可欠な素子となっています。

●サイリスタ

PNPN の 4 つの半導体を接合した構造をしています。アノード、ゲート、カソードの 3 つの端子を引き出しています。ゲートに一定の電流を流すと、アノードとカソード間に電流が流れ続けます。電流を遮断するためには、アノード・カソード間の電圧をある値以下にする必要があります（図 2.12d）。

小さな信号で大きなパワーを制御することができます。たとえばテレビの 100V の電源をマイコンからの信号でオン・オフすることができます。明かりを調整する調光器、電車のスピード制御など幅広い分野で使われています。

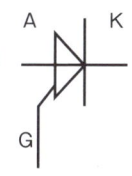

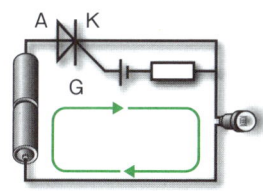

図 2.12d　サイリスタ
●構造　　●電気記号　　●サイリスタによるスイッチのしくみ

ゲートに電流→
アノード、カソード間に電流が流れ続ける
アノード電流降下→
電流停止

2-12　電界効果型トランジスタやサイリスタとは何か

2-13 集積回路とは何か

●集積回路

　トランジスタ、抵抗、コンデンサー、ダイオードなどを高密度にまとめた電子部品を「集積回路」(Integrated Circuit、IC)といいます。集積回路の進歩により、テレビ、パソコン、携帯電話などあらゆる電気機器は格段に小さくなり、安くなりました。集積回路は、集積の規模によってさまざまに分類されます（表2.13）。
　それに対して、電子部品を1つずつ配置した回路を「ディスクリート回路」といいます（図2.13a）。

表2.13　集積度による集積回路の分類

（部品点数）

SSI	小規模集積回路	Small Scale IC	2～100個
MSI	中規模集積回路	Medium Scale IC	100～1000個
LSI	大規模集積回路	Large Scale IC	100～100個
VLSI	超大規模集積回路	Very Large Scale IC	100k～100M個
ULSI	超々大規模集積回路	Ultra Large Scale IC	10M個を超える
GSI	ギガ・スケール集積回路	Giga Scale IC	1G個を超える

●素子の接続法による分類

　電子素子を接続する方法の違いによって、「モノリシックIC」と「ハイブリッドIC」に分類されます。主流はモノリシックICですが、大電力用途、高周波用途、センサー回路などではハイブリッドICが使われます。

図2.13a　ディスクリート回路

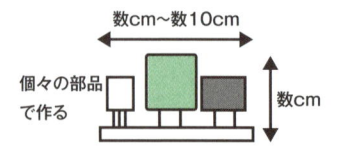

図2.13b　集積回路
●集積回路の外観　●集積回路の構造

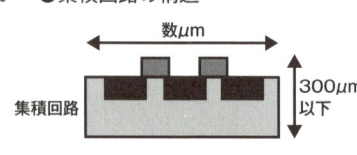

図2.13c　モノリシックICの製造プロセス

1. シリコンウェハー
（高純度シリコンで基盤となる。直径120mm～200mm）

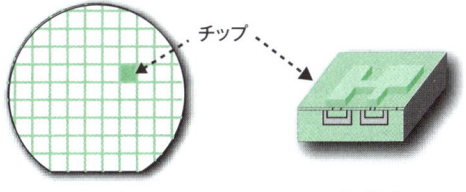

2. ウェハ工程
（電子素子の形成、配線）

チップの拡大図

3. ダイシング
（チップを切り離す）

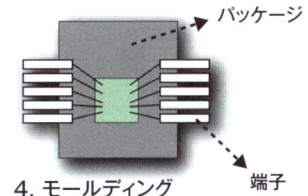

4. モールディング
（端子を取付け、パッケージに封入）

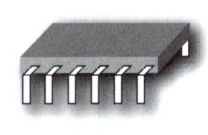

5. 完成

● モノリシックIC

　シリコンチップ上に一体構造として構成された集積回路がモノリシックICであり、通常「集積回路」というとこれを指します（図2.13b）。

　半導体基板に不純物を注入したり、新たな結晶を作ることによって、物理的性質を変えて電子素子を形成していきます。その上を絶縁膜で覆い、さらに金属膜で配線をします（図2.13c, d）。微細な領域の物理的性質をコントロールすることができるので、非常に高集積な回路を実現できます。

図2.13d　モノリシックICの構造

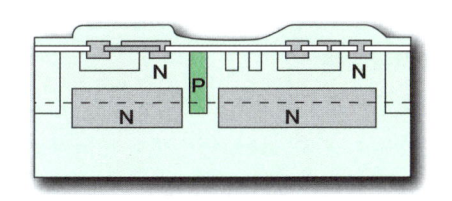

図2.13e　ハイブリッドICの構造

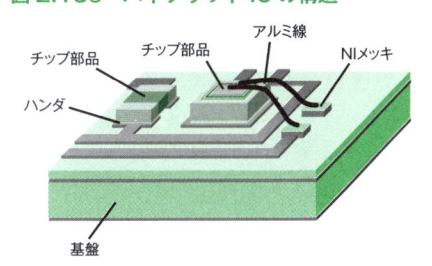

● ハイブリッドIC

　単体で作ったトランジスタやコンデンサーなどの部品を1枚の基板の上に半田付けなどによって接続して作ったものです（図2.13e）。各部品を個別にあつかうのに比べて小型となりますが、モノリシックICの集積度にはかないません。

2-13　集積回路とは何か

2-14 アナログ回路とはどんなものか

●アナログ回路とは？

今までさまざまな電気素子について勉強してきました。これらを接続し、ある特定の機能を持たせたものを「電子回路」といいます。アナログの電気信号をあつかう電子回路を「アナログ回路」、デジタルの電気信号をあつかう電気回路を「デジタル回路」といいます。

アナログ回路はデジタル回路と比べると非常に多くの種類があります。電気機器でよく使われる代表的なアナログ回路について説明します（図2.14a）。

●増幅回路

小さな信号を入力して大きな信号を出力する回路（2-11参照）。このときのエネルギーは電源回路など他からもらいます。

●発振回路

ある一定の周波数の交流を出しつづける回路。まず雑音などによる小さな信号を増幅します。増幅後の信号を再度増幅回路の入力側に戻します。この動作をフィードバックといいます。これを繰り返すと信号はどんどん大きくなりある一定の大きさを維持します。

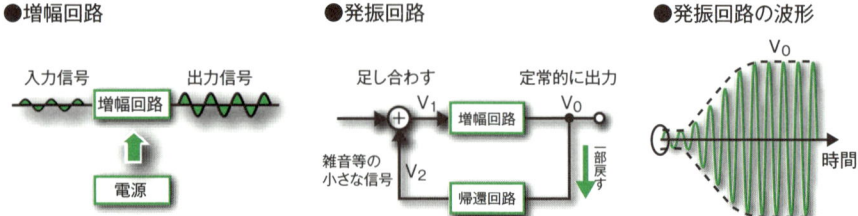

●フィルター回路

入力された信号のうち、ある特定の周波数成分だけをとりだすとり出すための

図2.14a　代表的なアナログ回路

●増幅回路

入力信号　出力信号
増幅回路
電源

●発振回路

足し合わす　　定常的に出力
V_1
雑音等の小さな信号　増幅回路
V_2
帰還回路
一部戻す

●発振回路の波形

V_0
時間

図2.14b　フィルター回路
●ハイパスフィルター回路の例　　　　●フィルター回路の周波数特性

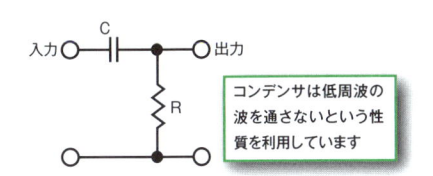

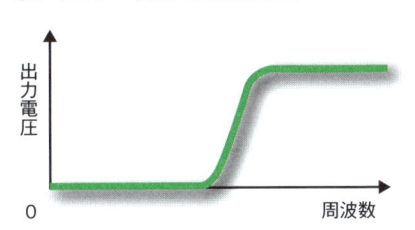

コンデンサは低周波の波を通さないという性質を利用しています

回路。取り出す周波数の観点で分類すると、高周波成分を通過させるハイパスフィルタ、低周波成分を通過させるローパスフィルタ、ある特定の周波数の領域を取り出すバンドパスフィルタ、ある周波数間隔おきの成分を通過させるくし型フィルターなどがあります（図2.14b）。

●変調回路・復調回路

　マイクから取り出される音、テレビカメラで映された映像信号の周波数は低く、放送局からこれらの信号をそのまま送ることはできません。そこでこれらの電気信号を周波数の高い波に変換して送ります。このことを変調といいます。高周波の波のことを搬送波といいます。変調にはAM変調（振幅変調）とFM変調（周波数変調）があります。変調と逆に、搬送波に乗せて送られてきた波から、元の信号を取り出すことを復調といいます（図2.14c）。

図2.14c　変調回路・復調回路の波形
● AM変調回路・復調回路の波形

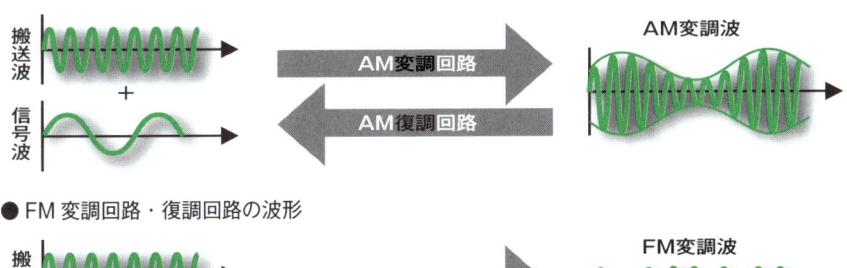

● FM変調回路・復調回路の波形

2-14　アナログ回路とはどんなものか

2-15 デジタル回路とはどんなものか

●デジタル回路とは？

0と1の2種類の信号をあつかいさまざまな処理をする回路です。パソコンの頭脳とも言われるCPU（中央処理装置）やメモリを初めとしてデジタル処理をするさまざまな機器に組み込まれています。

デジタル回路は多くの論理回路から構成されています。CPUは非常に複雑な処理をする素子ですが、機能を細分化してみると、多くの単純な機能を持つ論理回路から構成されていることがわかります。

●基本的な論理回路

さまざまな種類の論理回路がありますが、基本となるのはAND,OR,NOT回路と言われるものです。これらの基本回路を組み合わせることによって各種の論理回路を作ることができます（図2.15a, b）。

● AND 回路

2つの値AとBを入力し、1つの値Yが出力されます。AおよびBの値によって、Yには下の表に示す結果が演算されます。これは、AとBが両方とも真（1）の場合にYに真（1）を出力します。

● OR 回路

A,Bの2つの値を入力し、1つの値Yが出力されます。これは、AとBのい

図2.15a　デジタル回路の入力と出力の関係

● AND 回路

A	B	Y
0	0	0
0	1	0
1	0	0
1	1	1

● OR 回路

A	B	Y
0	0	0
0	1	1
1	0	1
1	1	1

● NOT 回路

A	Y
0	1
1	0

図 2.15b　基本的な論理回路の論理式と回路記号

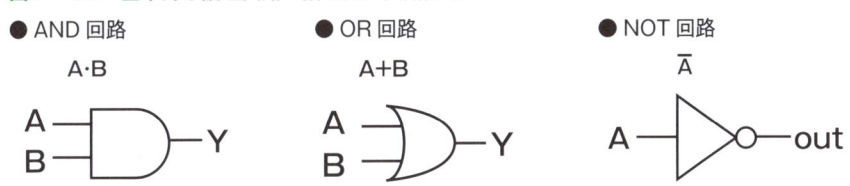

● AND 回路　　　　　　● OR 回路　　　　　　● NOT 回路
　A·B　　　　　　　　　A+B　　　　　　　　　$\overline{A}$

ずれかが真（1）の場合にYに真（1）を出力します。

● NOT 回路
入力は A の 1 つ、出力も Y の 1 つです。これは A とは逆の値を返します。

●組み合わせ回路
AND、OR、NOT の基本回路を組み合わせてさまざまな演算をする回路をつくることができます。

- NAND 回路：AND 回路と NOT 回路を組み合わせたものです。
- NOR 回路　：OR 回路と NOT 回路を直列につなぎます。AND 回路の入力に NOT 回路をつなぎ合わせても実現できます。

その他にもいろいろのものがあります。

●デジタル IC の端子

向きが区別できるように、左側に切欠きおよびインデクスマークという丸印が刻まれています。ピン端子の番号は左下が（1）、順次左回りに番号が増えていきます。電源のマイナスは右下の GND ピンに、プラス端子は左上の端子に接続します（図 2.15c）。

図 2.15c　デジタル IC の外観と端子

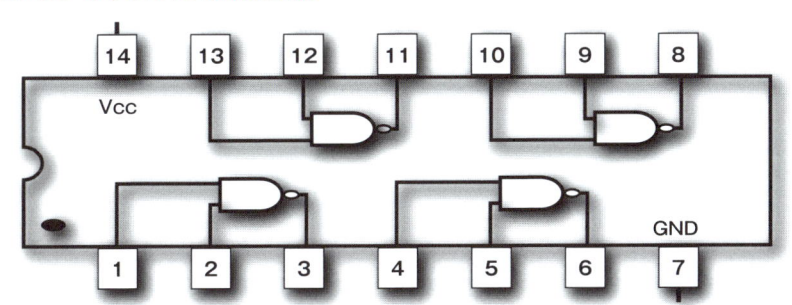

第3章

発電と送電

発電所では高電圧の電気が作られ、送電線を使って各家庭に運ばれます。電圧は数段階に分けて100Vにまで下げられます。ブレーカやヒューズを用いたり、アース工事をすることによって安全を守ることができます。

3-1 世界と日本の発電事情

●増え続ける世界の電力需要

世界の電力消費量は年々増え続けています。2030年には2002年の倍に達する見通しです。特に開発途上国の増え方が著しく2002年に比べて約3倍もの電力消費が見込まれています（図3.1a）。

●日本の電力消費

日本の電力消費も増え続けています。総電力消費はアメリカ、中国に次いで世

図3.1a 世界の電力消費
●世界の電力消費量推移

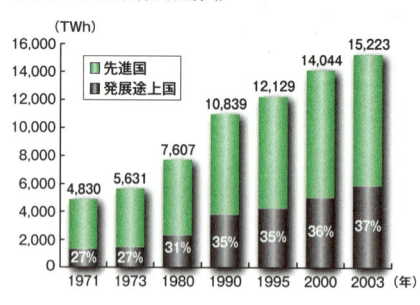

出典：World Energy Outlook 2004

●世界の発電電力量見通し

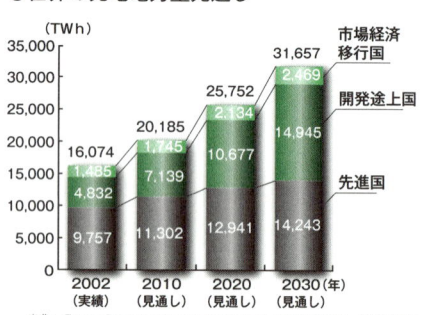

出典：Energy Balances of Non-oecd Countries 2002-2003の一部を日本語訳

図3.1b 日本の電力消費
●1世帯あたり電力消費量の推移

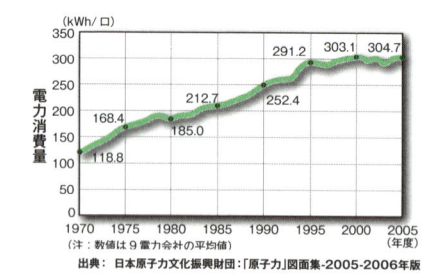

（注：数値は9電力会社の平均値）
出典：日本原子力文化振興財団：「原子力」図面集-2005-2006年版

●1人あたり電力消費量の諸外国との比較

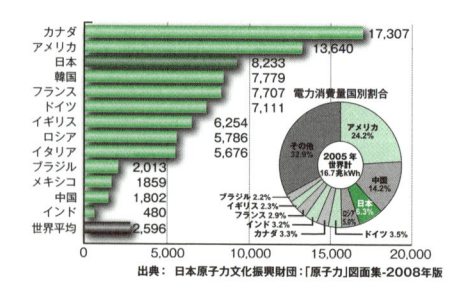

出典：日本原子力文化振興財団：「原子力」図面集-2008年版

界第3位です。しかしこの数年、電気機器の省電力化が進んだためか、増え方は少し鈍ってきたようです。1人当たりの電力消費についても、カナダ、アメリカについで世界3番目です（図3.1b）。

●発電方式別発電量

日本全体の年間発電量は9700億kWhです（2004年）。これらの電気はほとんどが発電所で作られています。

発電とは、なんらかのエネルギーを基にして電気のエネルギーに変換することです。エネルギー源としては火力、原子力、水力などが使われます。火力が全体の60%を占めています（図3.1c）。

世界最大の原子力発電所は、東京電力の柏崎刈羽原子力発電所ですが、2007年7月16日の新潟県上中越沖地震による緊急停止後、本書執筆時点ではまだ運転は再開されておりません。

図3.1c　発電方式別発電量比率

- 新エネルギー 0.6%
- 地熱 0.3%
- 化石燃料 60.3%
- 水力 9.1%
- 石油等 9.2%
- 原子力 30.6%
- 石炭 24.7%
- 天然ガス 26.0%

年間発電電力量 9,900億kWh

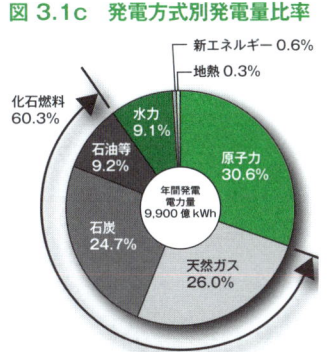

出典：資源エネルギー庁電力・ガス事業部編　電源開発概要

●夏に多い電力消費

電力量消費には月別、時間別の変動があります。以前は暖房のために、冬の消費が多かったのですが、最近はエアコンの普及に伴い、7～8月が電力消費のピークになっています。特に昼間の2～3時ころに消費が増えています。このピーク需要に合わせて発電設備を整えることが大きな課題となります（図3.1d）。

図3.1d　月別・時間別電力量

●月別最大消費電力の推移

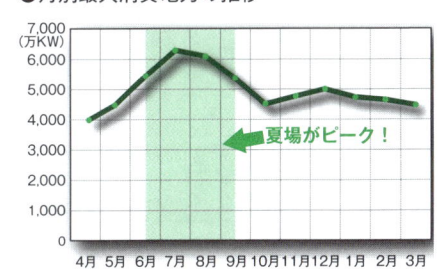

夏場がピーク！

●夏季の1日の電気の使われ方
（単位：10万kW）
- 2005年8月5日　1,827
- 2001年7月24日　1,711
- 1995年8月25日　1,103
- 1985年8月29日　425
- 1975年7月31日

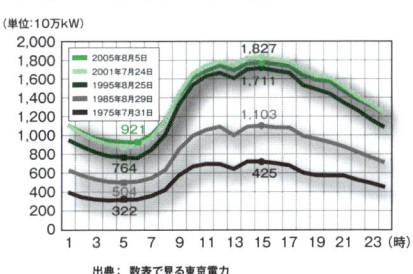

出典：数表で見る東京電力
(www.tepco.co.jp/.../chapter_4/28-31-j.html)

3-1　世界と日本の発電事情

3-2 火力発電とはどんなものか

●日本における発電の主人公

　日本の電力の60%近くが火力発電でまかなわれています。火力発電用エネルギーとしては石炭、石油、天然ガスなどの化石燃料が使われますが、天然ガスが最も多く、石炭、石油と続きます。これらはほとんど輸入に頼っています。また発電時には地球温暖化の原因となる二酸化炭素を発生してしまうという問題もあります。

●火力発電のしくみ

　燃料をボイラーで燃やし、水から水蒸気を作ります。この水蒸気によってタービンを回します。タービンには永久磁石がつながっており、この永久磁石が回転することによってコイルに誘導起電力が生じます。

●需要に合わせて発電

　電力の需要には変動があります。もっとも需要が多くなるのは夏の昼間であり、冷房のために使われます。原子力はその性質上絶えず発電し続けなければなりません。需要のピークに合わせて発電能力を確保すればいいのですが、逆に需要が

図 3.2a　火力発電のしくみ

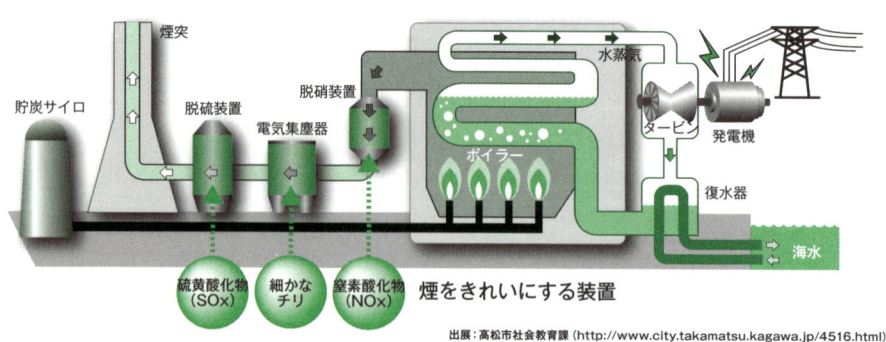

出展：高松市社会教育課 (http://www.city.takamatsu.kagawa.jp/4516.html)

少ない時に余ってしまいます。少量の電気であればバッテリーで蓄えることができるのですが、大量の電気は蓄えることができません。火力発電は燃料を加減することによって発電量の調整をすることができます。

● さまざまな環境対策

化石燃料を燃やすために環境への悪影響が懸念されますが、排ガスの中に含まれる有害な窒素酸化物、硫黄酸化物、煤じんなどを取り除くための装置が設備されています。

● 火力発電所と二酸化炭素

火力発電の二酸化炭素排出量は、原子力や水力などの他の発電に比べて大きいという問題があります。1kWh の発電での二酸化炭素排出量は、水力発電が 0.01kg、原子力が 0.02kg であるのに対して石炭火力は 0.9kg、石油火力は 0.7kg です。天然ガスを液化した LNG では 0.4～0.5kg と少なくなり、次第に LNG が用いられる傾向にあります（表 3.2）。

ちなみに家庭からの二酸化炭素排出の約 40% が電気によるもので、次いで多いのが自動車などのガソリン消費によるもので、約 30% です（図 3.2b）。

200W のテレビを 5 時間見た時に発生する二酸化炭素の量は 400g にもなり、これはガソリン 0.17 L を燃焼した場合に発生する二酸化炭素量に相当します。そしてこれは、燃費 11km/L の車が 200m 走行に相当した場合に発生する二酸化炭素量にも相当します。ものすごい量だとは思いませんか。

表 3.2 発電方法ごとの二酸化炭素排出量

発電の種類	排出二酸化炭素量 （kg/kWh）
火力	0.7
原子力	0.02
水力	0.01
加重平均	0.4

出典：（財）日本原子力文化振興財団
「原子力」図面集-2003-2004年版-（2003.12）

図 3.2b 家庭からの二酸化炭素排出量の燃料種別内訳

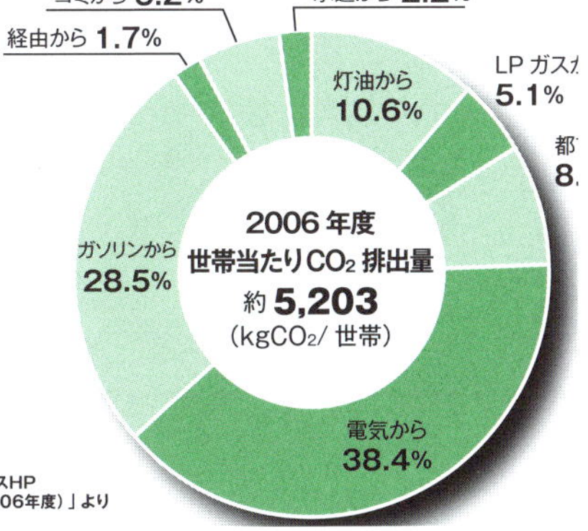

ゴミから 5.2%
経由から 1.7%
水道から 2.2%
灯油から 10.6%
LP ガス 5.1%
都市 8.
ガソリンから 28.5%
電気から 38.4%

2006 年度
世帯当たり CO$_2$ 排出量
約 5,203
（kgCO$_2$/世帯）

出典：国立環境研究所 温室効果ガスインベントリオフィス HP
「日本の温室効果ガス排出量データ（1990～2006年度）」より

3-3 原子力発電とはどんなものか

●原子力発電のしくみ

基本的な原理は火力発電と同じです。原子炉の中で核分裂反応を起こし、得られたエネルギーを使って水を水蒸気に変えます。この水蒸気を使ってタービンを回転させて発電します。

●核分裂反応

ウラン235に中性子を当てると、核分裂反応を起こし2個あるいはそれ以上の核に分裂します。その際に2～3個の中性子とエネルギーを放出します。新たに発生した中性子は別のウラン235に衝突し新たな核分裂反応を起こし、次々に連鎖反応し膨大なエネルギーを創出します。

●核分裂反応の制御

連鎖反応がどんどん起きてしまうと膨大なエネルギーが排出されてしまい制御不能に陥ります。この反応を制御するために、中性子を吸収するための制御棒および中性子を減速するための減速材が用いられます。減速材、冷却水に普通の水（軽水）を用いた原子炉を軽水炉といいます

図 3.3a　原子力発電のしくみ

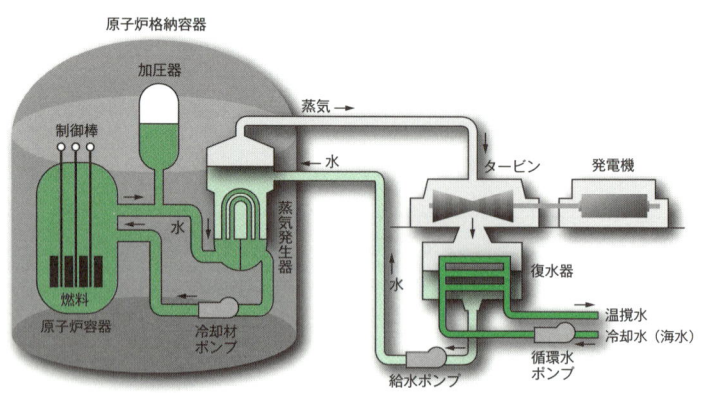

出典：北海道電力HP (http://www.hepco.co.jp/index.html)

図 3.3b 核分裂反応

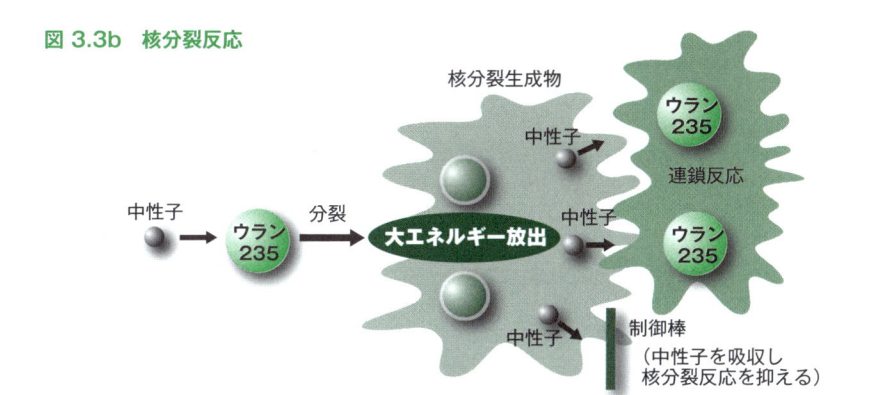

●原子力発電の利点と問題点

　地球温暖化の原因となる二酸化炭素や、環境汚染の原因となる窒素酸化物や硫黄酸化物を排出しません。限りある化石燃料を消費しません。また核燃料を繰り返し使用する再処理技術が確立されれば燃料入手の問題もなくなります。

　一方で発電コストが安いといわれていますが、事故時のコスト、廃棄時の最終処分コスト、最終処分後の半永久的な管理コストについての費用見積もりが不十分であるとの指摘もあります。また地震などによる放射能漏れの問題も完全には払拭されていません。

●各国の状況

　アメリカ、フランス、日本で全世界の原子力発電の57%をまかなっています。米国は最も多くのエネルギーを原子力によって生産しており、総電力の20%をまかなっています（図3.3c）。フランスにいたっては、80%もの電気エネルギーを原子炉から得ています。日本は約30%が原子力です。

　一方でスウェーデン、ベルギー、ドイツなど、原子力の利用を削減・廃止していこうとする国もあります。

図3.3c 世界の原子力発電容量の推移

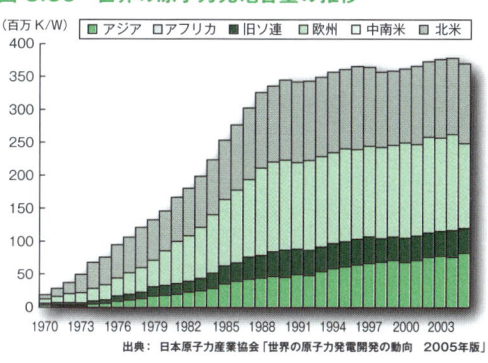

出典：日本原子力産業協会「世界の原子力発電開発の動向　2005年版」

3-4 水力発電とはどんなものか

●再生可能エネルギーの代表

　ダムやため池、タンクなどに水を貯めておき、高いところから低いところに落ちる水の流れを利用して、水車（タービン）を回し発電します（図3.4a）。火力発電や原子力発電は、石油やウランなどの埋蔵資源を利用するために「枯渇性エネルギー」と呼ばれていますが、それに対して水力発電は太陽光発電や風力発電などと同様自然エネルギーを使った発電で「再生可能エネルギー」とも呼ばれています。しかし日本では大規模な水力発電所が設置できる地点はほとんどなくなっており、今後の設置は小規模なものに限られます。

　しかし世界的に見ると、17兆kWhの年間発電が可能な地点が存在するといわれており、世界の全電力消費量が12兆kWh程度であることを考えると、非常に大きな可能性を秘めています。

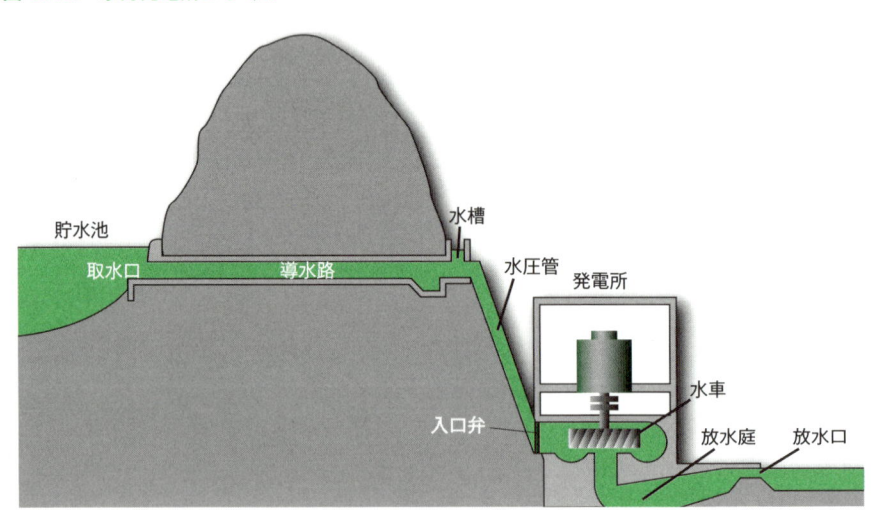

図3.4a　水力発電所のしくみ

●需要変動に対応できる揚水式水力発電

ダムの水を放流することによって発電しますが、発電した水をくみ上げて再度発電に利用することができる方式です（図3.4b）。

図 3.4b　揚水式水力発電所のしくみ

電力の需要には変動があります。電力の需要が多い時には発電し、需要が少なくなったときには、余った電気を利用して、水をくみ上げておき発電に備えて置きます。

●各国の発電方式

日本では全電力のうち約15％を水力発電でまかなっています。

カナダは広大な自然環境に恵まれ、豊富な水資源を有しています。そのために約60％を水力発電に依存しています。電力料金も非常に安く日本の1/3〜1/4です（図3.4c）。

図 3.4c　世界の発電電力量の見通しと電源構成比

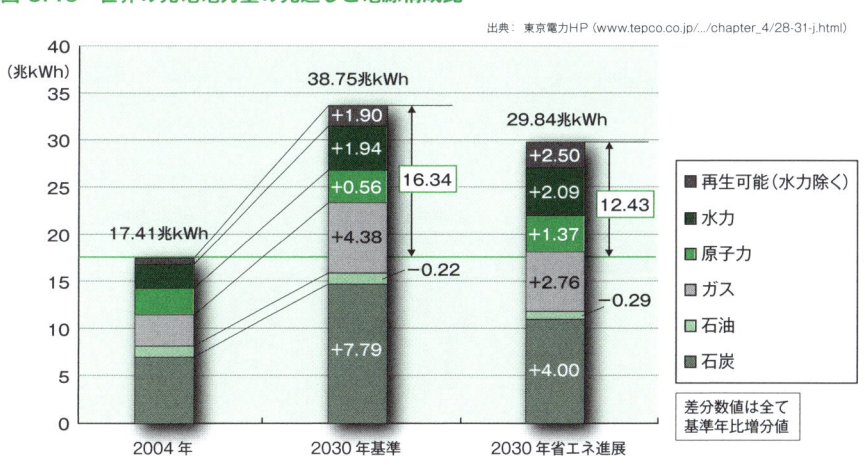

出典：東京電力HP (www.tepco.co.jp/.../chapter_4/28-31-j.html)

3-5 新しい発電…太陽光発電

●太陽光発電のしくみ

「2-10 いろいろなダイオード」で述べたフォトダイオードと同様に、光起電力効果を利用して光エネルギーを電気エネルギーに変換します。この変換効率は10～20%です（図3.5a）。

太陽光発電では、「ソーラーセル」と呼ばれる「太陽電池素子」を使います。電池という名前がついていますが、電気を蓄える機能はありません。セルを数枚まとめて、樹脂や強化ガラス、金属枠で保護したものを「ソーラーモジュール」あるいは「ソーラーパネル」といいます。さらにモジュールを組み合わせると「ソーラーアレイ」となります。

●太陽光発電の利点

電力需要が多くなる昼間に発電することができ、ピーク時の電力を削減できます。再生可能エネルギーの代表であり、二酸化炭素などの温室効果ガスやさまざまな排気ガス、廃棄物などを排出しません。

欠点としては、発電能力が天候に左右されることです。特に夜間には発電でき

図 3.5a　太陽電池の実用のしくみ

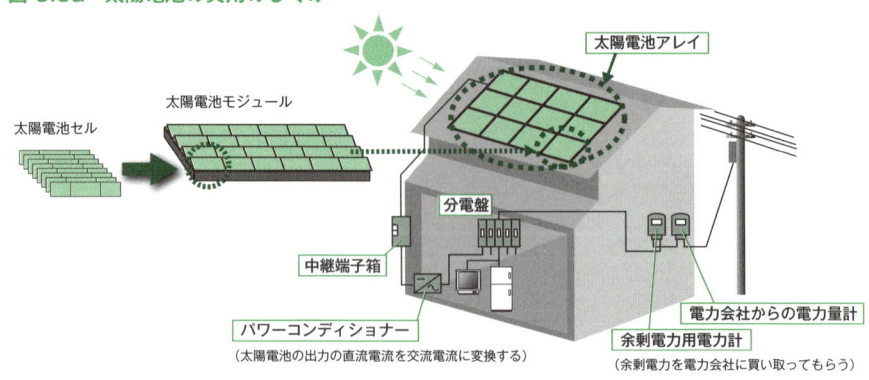

ません。蓄電するためには蓄電池が必要となります。また導入費用が高く、現状ではkWh当りの料金は他の電力の2～3倍となります。

● **太陽電池の発電コスト**

発電コストの計算のためにはまず耐用年数の設定が必要になります。法定耐用年数と1kWhを発電するための電源別の発電コストを表3.5に示します。これらに諸経費および電力会社の利益を加えて一般家庭向けの電気料金（15～35円となります）

表3.5　発電方法ごとの発電コスト比較

	法定耐用年数	発電コスト（1kWh当り）
水力	40年	11円
石油火力	15年	12円
LNG火力	15年	7円
石炭火力	15年	7円
原子力	16年	7円

出典：(財)日本原子力文化振興財団
「原子力」図面集-2003-2004年版 (2003.12)

つぎに太陽電池の発電コストを考えてみましょう。平成17年における設備費用は1kW当たり約70万円です。償却年数を20年として計算すると発電コストは50円～60円となり、現在の電気料金の2～4倍になります。

なお夏の電力需要のピークの電力をまかなうための揚水式水力発電のコストは33円といわれていますので、競合できるレベルに達しつつあるといえるでしょう。太陽電池による発電コストの低下の推移を図3.5bに示します。2012年には世界の6割の地域で補助金なしで採算が取れるようになるといわれています。

図3.5b　太陽電池の製造コストの推移と目標

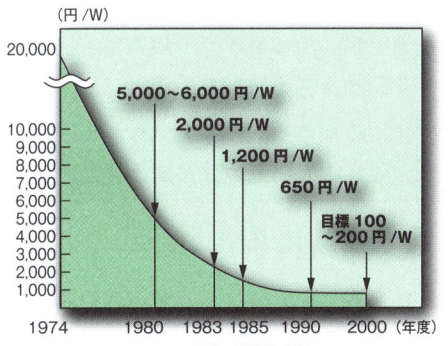

(円/W)
20,000
5,000～6,000円/W
2,000円/W
1,200円/W
650円/W
目標 100～200円/W

1974　1980　1983 1985　1990　2000 (年度)

出典：NEDO HP
http://www.nedo.go.jp/index.html

● **経年劣化と寿命**

現在のところ太陽電池モジュールについてメーカが保証する期間は10～25年です。しかしながら実際に稼働できる期間はこれよりも長く20～35年です。発電コストはほぼ耐用期間に反比例しますので、この面からの進歩も期待されます。なお、パワーコンディショナーの現在の耐用年数は10年となっています。メンテナンスや部品交換が必要になります。

● **太陽電池と温室効果ガス**

3-2節で計算したように、日本の電力の平均的な二酸化炭素排出量は1kWh

あたり約 400 gです。太陽電池は稼働時には二酸化炭素は排出しません。しかし製造時には排出します。この分を含めても太陽電池による二酸化炭素の排出量は、一般の電力に比較して 1/10 以下にすぎません。

●各国の状況

世界全体で見ると、太陽電池による電力は年間 30 ～ 40%と急速に伸びています（図 3.5c）。

図 3.5c　世界の太陽電池生産量推移

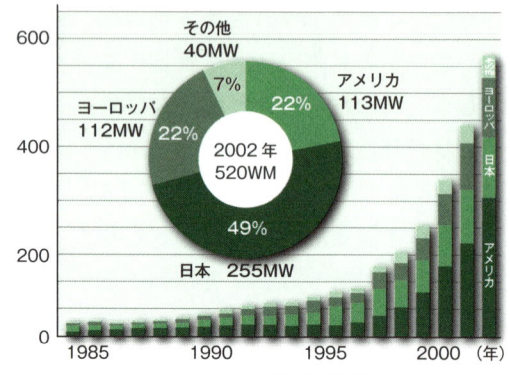

日本は従来太陽電池の利用がもっとも進んでいる国でしたが、残念ながらその地位を 2005 年にドイツに譲り渡してしまいました。ドイツでは安全面で問題がある原発を段階的に廃止することを目指し、代わりに太陽発電の研究、普及に大きな力を注いでいます。

●太陽電池の種類

使われる半導体によっていろいろな種類があります。大きく分けると、シリコン系、化合物系、有機系に分けられます（図 3.5e）。現在の主流はシリコン系です。シリコンは地球上で酸素に次いで豊富な元素ですが、あまりにも需要が多く供給がひっ迫しています。薄膜シリコンは結晶系シリコンに比べて格段にシリコン消費が少なく、主流になりつつあります。

化合物半導体も新たな企業参入が相次いでおり将来が非常に期待されます。また有機系も、まだ変換効率は低いのですが、印刷して製造できる太陽電池製品（例：Power Plastic、右図参照）などが開発されており、将来楽しみな分野です。シリコン系も開発開始当初の変換効率は 6% しかありませんでした（図 3.5f）。

図 3.5d　Power Plastic

Konarka Technologies, Inc.,
プレスリリースより

図 3.5e 太陽電池の種類
現在の主な太陽電池の材料による分類

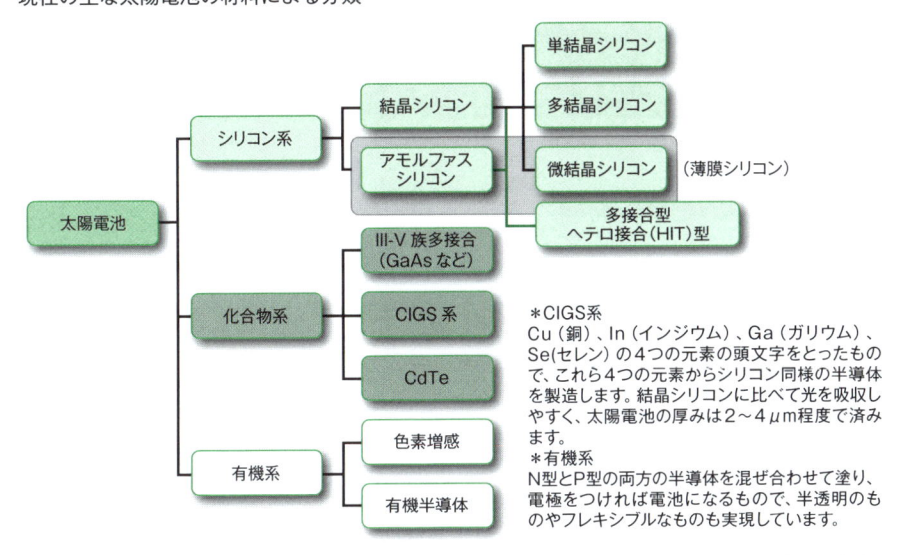

```
                              ┌─ 単結晶シリコン
              ┌─ 結晶シリコン ──┼─ 多結晶シリコン
              │                └─ 微結晶シリコン ─ (薄膜シリコン)
    ┌ シリコン系
    │         └─ アモルファス
    │            シリコン
    │                           多接合型
    │                           ヘテロ接合(HIT)型
太陽電池
    │         ┌─ III-V族多接合
    │         │  (GaAsなど)
    ├ 化合物系 ┼─ CIGS系
    │         └─ CdTe
    │
    └ 有機系 ┬─ 色素増感
            └─ 有機半導体
```

＊CIGS系
Cu（銅）、In（インジウム）、Ga（ガリウム）、Se(セレン) の4つの元素の頭文字をとったもので、これら4つの元素からシリコン同様の半導体を製造します。結晶シリコンに比べて光を吸収しやすく、太陽電池の厚みは2〜4μm程度で済みます。

＊有機系
N型とP型の両方の半導体を混ぜ合わせて塗り、電極をつければ電池になるもので、半透明のものやフレキシブルなものも実現しています。

出典：産業技術総合研究所
(http://unit.aist.go.jp/rcpv/ci/about_pv/types/groups.html)

図 3.5f 太陽電池の変換効率

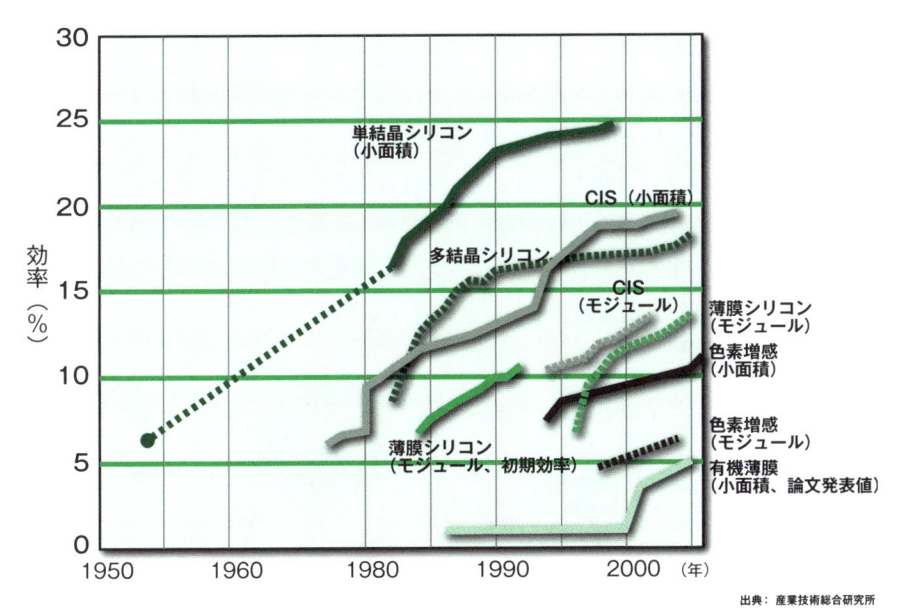

出典：産業技術総合研究所
(http://unit.aist.go.jp/rcpv/ci/about_pv/types/groups.html)

3-5 新しい発電…太陽光発電

3-6 新しい発電…核融合・燃料電池・風力

●核融合発電のしくみ

ほぼ無限のエネルギーを取り出すことができるので、夢の発電システムといわれています。核融合反応によって得られたエネルギーを利用して水を水蒸気に変え、水蒸気によってタービンを回し発電します。

●核融合反応

原子核同士がある程度接近すると、2つの原子核が融合します。融合によって質量は減少し、膨大なエネルギーが放出されます。この反応を核融合といいます。重水素と三重水素からヘリウムと中性子を発生させる反応がもっとも実現性が高いといわれています（図3.6a）。

1gの重水素と三重水素から石油8トン分のエネルギーが放出されます。原料となる重水素や三重水素は海水中に豊富にあります。原子力発電と同様、放射性廃棄物の問題がありますが、核分裂炉のような高レベル長寿命の放射性廃棄物の問題はありません。また二酸化炭素などの温暖化ガスも排出しません。

●課題と実現時期

しかし多くの難しい課題も山積しています。最大の課題は、連続的に核融合反応を起こし続けることです。そのためには原料となる原子核を長い時間、高密度で閉じ込めておく必要があります。このような課題を解決して実用化するにはまだまだ時間がかかります。2050年頃に実験炉による発電が実現できるだろうと予測されています。

図3.6a 核融合反応のしくみ

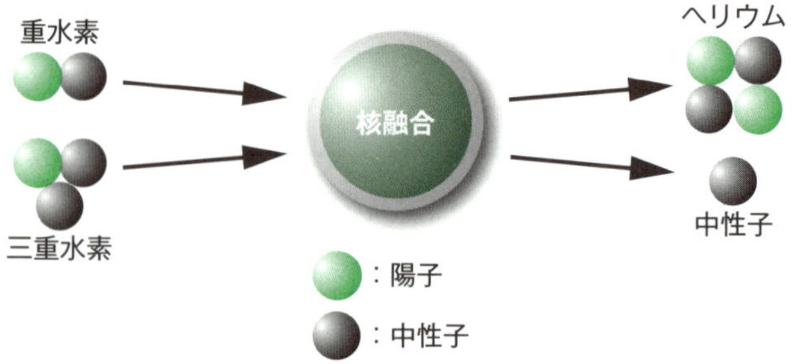

図 3.6b　家庭用燃料電池（コージェネレーションシステム）

燃料電池（コージェネレーション）の反応

C_3H_8 LPガス（プロパン） ＋ H_2O 水蒸気（水）
↓
H_2 水素　CO_2 二酸化炭素

燃料電池（コージェネレーション）：1次エネルギー100 → 電気39、給湯40、ロス21

従来のシステム：大型火力発電所 1次エネルギー100 → 電気39、ロス61／給湯器 1次エネルギー50 → 給湯40、ロス10　1次エネルギー計150

燃料電池は、その場で熱も有効利用するので効率がよく、省エネ（CO_2削減）になります。

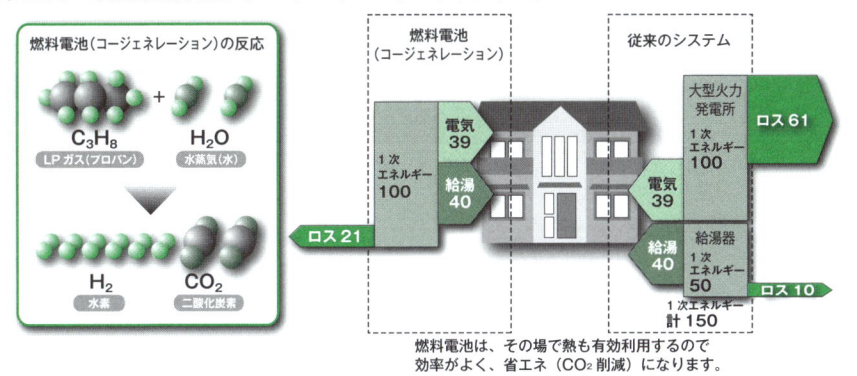

出典：日本LPガス団体協議会（http://www.nichidankyo.gr.jp/）

●燃料電池発電

　燃料電池については電池のところで詳しく説明しますが、水素と酸素から電力を得るしくみです（図3.6b）。ガス会社を中心に家庭用電力を供給する燃料電池コージェネレーションシステムが提供されています。発電と給湯を同時に行うことによって効率的にエネルギーを得るシステムです。原料である水素を作り出すために都市ガス、LPガス（プロパンガス）、灯油が用いられます。

●風力発電

　風の力によって発電機を回して発電します。再生可能エネルギーのひとつで、温室効果ガスの排出が少ないこと、発電用燃料を無料で調達できる長所がある半面、環境条件によって出力が変動するなどの欠点もあります。国別に見ると、ドイツが世界の約28％を占め、スペイン、米国、インドなどが多くなっています。日本は欧米諸国に比べてあまり普及が進んでいません。

図 3.6c　世界の風力発電の推移と予測

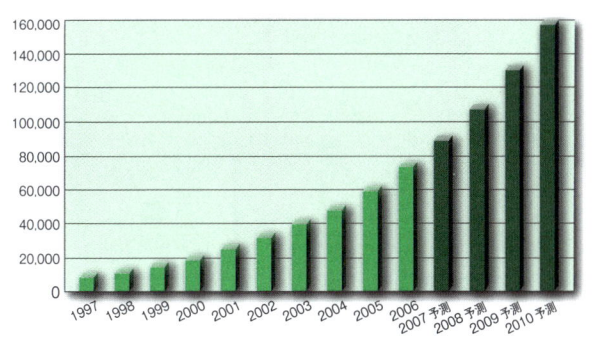

出典：WWEA (World Wind Energy Association)

3-6　新しい発電…核融合・燃料電池・風力

3-7 送電と配電とは何か

●発電所から家庭まで

発電所で作られた電気は送電線を使っていくつかの変電所、配電用変電所を経て各家庭に送られます。発電所から配電変電所までの電線路を「送電線路」、配電変電所から一般家庭までの電線路を「配電線路」と呼んでいます（図3.7a）。

●高圧送電

発電機で作られた電気は変圧器を使って高い電圧に変換されます。電圧が高いほうが、電流が少なくなり送電の電力損失が少なくなるからです。逆に同じ電力損失が許されるなら、抵抗の大きな導線、すなわち細い導線を使うことができ電線コストが安くなります（要点3.7）。

しかしむやみに電圧を高くしてしまうと絶縁に費用がかかり、取扱い上にも問題が発生します。そこでたとえば27万5000Vという電圧で送っています。

図3.7a　送電のしくみ

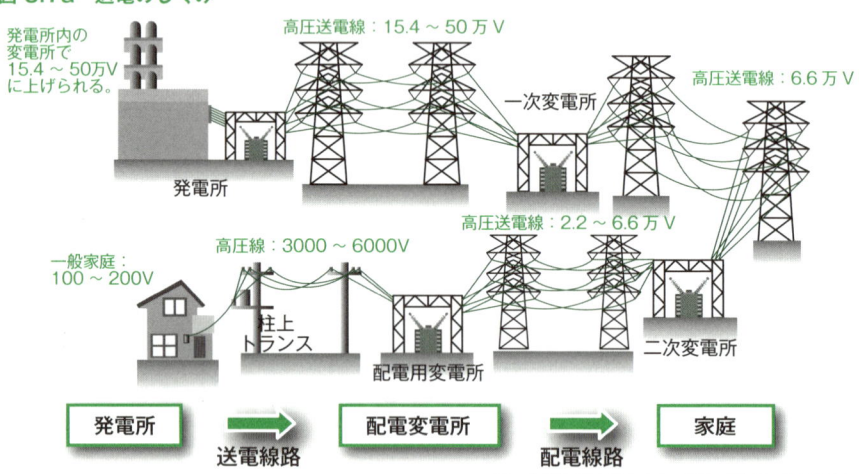

発電所内の変電所で15.4～50万Vに上げられる。
高圧送電線：15.4～50万V
高圧送電線：6.6万V
高圧送電線：2.2～6.6万V
高圧線：3000～6000V
一般家庭：100～200V

発電所 → 一次変電所 → 二次変電所 → 配電用変電所 → 柱上トランス → 一般家庭

発電所 —送電線路→ 配電変電所 —配電線路→ 家庭

出典：日本博物館協会「やまびこネット」楽しい博物館／しくみとはたらき
http://www.j-muse.or.jp/joyful/science/sa007.html

> **要点 3.7　交流とコイルのまとめ**
> - 電力損失 ＝ 電流^2×抵抗（電圧＝電流×抵抗）
> - 仮定：　　　電力 ＝ 電圧×電流 ＝ 一定値
> - 以上から、　電力損失∝抵抗／電圧^2
> - 従って、電圧が高いほど、抵抗が小さいほど、損失が少ない。

●変電所

しかし高い電圧を市街地域に引き込むのは非常に危険です。そこで数段階に分けて電圧を下げていきます。この役割をするのが変電所です。たとえば275kVの電圧を一次変電所で154kVに降下し、さらに二次変電所で66kVに下げます。大規模工場などへはここから直接送電されます。

二次変電所からの電気はさらに配電変電所に送られ、6.6kVあるいは3.3kVに下げられます。中規模工場やビルなどにはここから送電されます。一般家庭用には、電信柱に置かれている「柱上変圧器」（図3.7b）で、200Vあるいは100Vに下げられます。

図 3.7b　柱上変圧器

電圧を下げる役割をするのが変圧器（トランス）です。変圧器によって比較的簡単に電圧を下げることができるという利点のために交流が使われています。

●変圧器のしくみ

図のように鉄心に2組のコイルが巻かれています。左側を1次コイル、右側を2次コイルといいます。1次コイルの巻き数をN_1、2次コイルの巻き数をN_2とします。1次側にV_1(V)の交流電圧を加えると、1次コイルに電流が流れ時間的に変動する磁場が発生します。

この磁場による電磁誘導によって2次コイルに起電力が発生しV_2(V)の電圧が発生します。N_1、N_2、V_1、V_2の間には、$N_1:N_2=V_1:V_2$という関係があり、巻き線比を10：1にすると電圧を1/10に下げることができます（図3.7c）。

図 3.7c　変圧器のしくみ

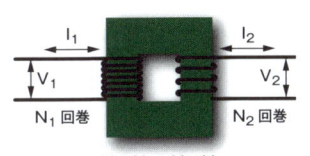

$N_1:N_2=V_1:V_2$

3-8 三相交流と電柱のしくみ

●発電所は三相交流で発電

1-13 節で単相発電機、2-3 節で二相発電機について説明しました。発電所では下の図のような三相発電機で発電しています。3 組のコイルを 120 度ずつずらして配置し、その中で永久磁石が回転します。すると位相が 120 度ずれた 3 組の交流が発生します。

●三相交流の送電線は 3 本

3 組の単相交流を送電するには 6 本の導線が必要ですが、三相交流では 3 本で送ることができます。まず、下図に示した発電波形から、3 組のコイルの電圧の和は絶えず 0 になっていることがわかります。したがって電流の合計もゼロになります（図 3.8a）。

図 3.8a 三相交流のしくみ

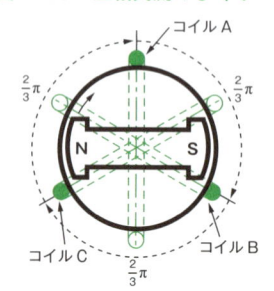

(a) 3 組の単相交流回路

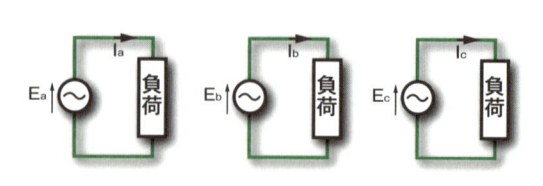

●三相交流の波形

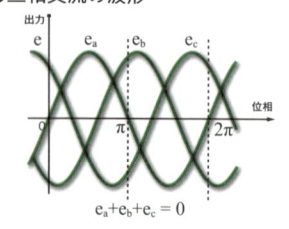

$e_a + e_b + e_c = 0$

(b) 3 組の交流回路を合成

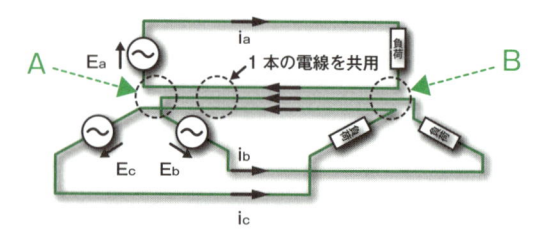

1 本の電線を共用

(a) は 3 組の単相交流のそれぞれに負荷をつないだものです。これを (b) のように接続しますと中央の 3 本の線を 1 本にまとめることができ、導線は 4 本で済みます。また導線 AB には、3 組の交流電流の合計したものが流れますが、これは先ほど説明したようにゼロとなるので、結局この導線も不要になります。

●電柱は電力柱・電信柱・共用柱の 3 種類

電柱には 3 種類あります。電力会社が送電・配電を目的に設置したものが「電力柱」、通信会社が通信用ケーブルを支持するために設けたものが「電信柱」、さらに電力用途と通信用途を兼用しているのが「共用柱」です（表 3.8）。

共用柱は、電力会社と通信会社が共同で設置したもので、上側を電力用、下側を通信用に使うことになっています。電力網よりも通信網のほうが先に普及したためひっくるめて電信柱と呼ばれることもあります。電柱はその他にも街路灯、信号機や交通標識の保持、無線の中継器や、基地局の設置、広告の表示のために使われます。

電力柱の一例を図 3.8b に示します。「架空地線」は、送電線を雷の直撃から守るためのもので、避雷針と同じ役割をしています。高圧線とは発電所から送電されてくる線路です。7,000V を超える電圧を特別高圧、600V を超え 7,000V 以下の電圧を高圧、600V 以下を低圧と区別しています。

高圧線は 3 本が 1 組になっており三相 3 線式で送られていることがわかります。柱上変圧器を境にして、1 次側を 1 次配電線、2 次側を 2 次配電線ともいいます。低圧電灯線は、一般家庭などの電力を供給するための配線です。これは単相 3 線式で、100V あるいは 200V の電圧を取り出せるようになっています。

表 3.8　電柱の種類

種類	設置者
電力柱	電力会社
電信柱	通信会社
共用柱	電力会社と通信会社の共同

図 3.8b　電力柱の例

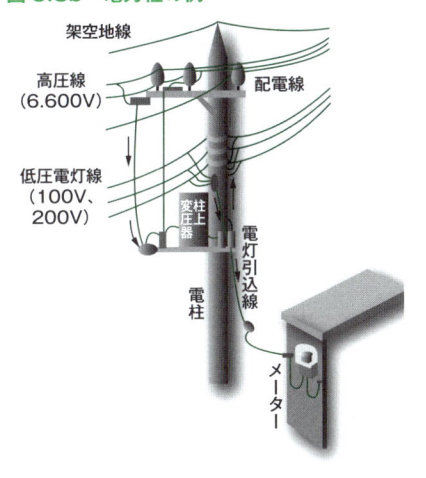

3-8　三相交流と電柱のしくみ

3-9 家庭への配電のしくみ

● 3種類の柱上変圧器

　6,600Vの電気は柱上変圧器によって、100Vあるいは200Vに変換されて各家庭に送られます。家庭に送られる交流には、「単相2線式」「単相3線式」「三相3線式」の3種類があります。これらに対して、配線図、しくみとコンセントの例を図3.9にまとめました。

　「単相2線式」では2本の線が引き出され、100V単相を取り出すことができます。「単相3線式」では3本の線が引き出され、単相ですが100Vあるいは200Vを取り出すことができます。「三相3線式」では3本の線が引き出され、200V三相を取り出すことができます。

●単相2線式

　家庭用に使われるもっとも普通の配電方式です。次の単相3線式と合わせて「電灯線」とも呼ばれます。この方式では30Aまでしか引き込むことができません。また日本では、100Vしか使うことはできません。1980年代以前の住宅ではこの方式が主となっています。1つの線はアースされています。家庭内の各部屋に図のような2本線のコンセントが設けられ、一方が少し長くなっていますが、この長くなっているほうがアース側です。

●単相3線式

　真ん中の線はアースされており、「中性線」といいます。両端の端子は中性線から互いに逆位相の100Vの電圧となっていますので、両端からは200Vを取り出すことができます。この方式では50kVAまでの電力を取り出すことができるので、100Vの場合には最大50A引き込むことができます。

　1980年代以降、一般家庭でも電力使用量が増え、高出力のルームエアコン、乾燥機、IHクッキングヒーター、電気温水器などの200Vの電気機器の普及に

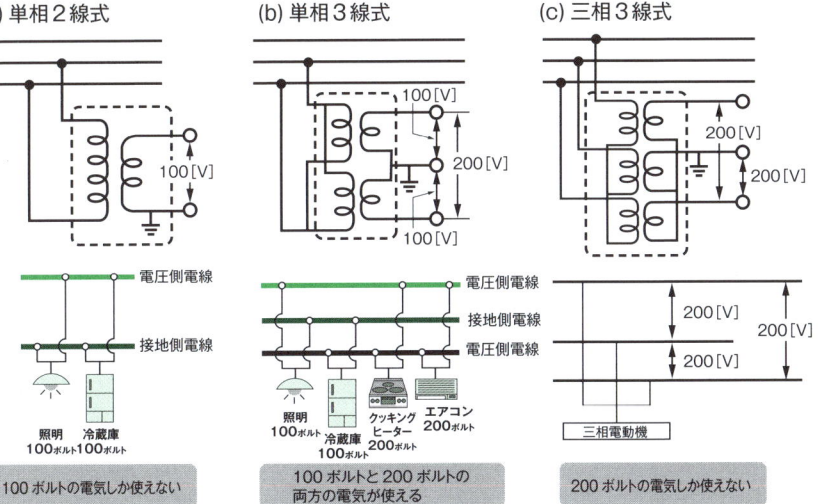

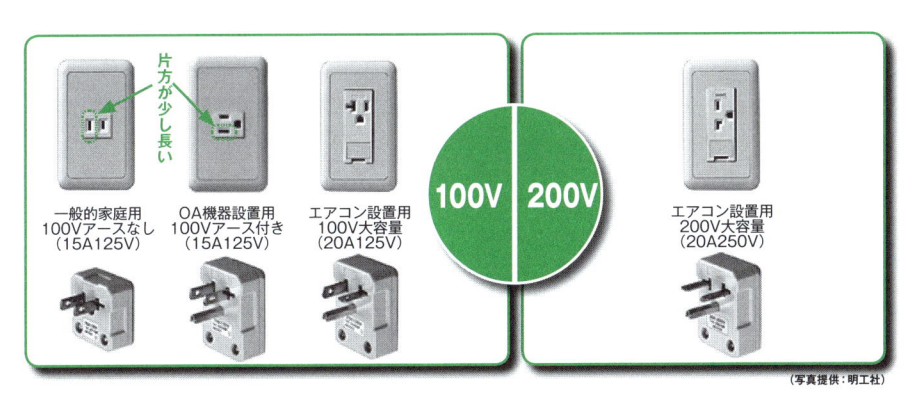

図 3.9　家庭内の電気
(a) 単相2線式　　(b) 単相3線式　　(c) 三相3線式

ともない、単相3線式が多く使われるようになってきています。

●三相3線式

　3本の電線が引き込まれていますが、このうち任意の2本から200Vの単相交流を引き出すことができます。電動機をまわすのに都合がよく、工場などで使われます。「動力線」とも呼ばれています。

　他にも三相4線式というのもあります。240Vの単相交流を引き出すことができ、照明・電力用に使われます。

3-10 電気を監視する分電盤のしくみ

●分電盤

　家庭内に取り込まれた引込線は、「住宅用分電盤」に接続されます。分電盤の中には、「サービスブレーカー」「漏電ブレーカー」「安全ブレーカー」などがあり、電気容量のチェックや屋内配線の安全確保などの役目をしています。

●サービスブレーカー

　電力会社と契約している電流以上の電気が流れると自動的に電気が止まるしくみになっています。契約電流によってスイッチの色が異なります。

●漏電ブレーカー

　電気が漏れることを漏電といいます。漏電は火災や事故の原因となります。漏電ブレーカーは、建物内の配線や電気器具の漏電を素早く感知し、自動的に電気を遮断します。

●安全ブレーカー

　分電盤から各部屋へ電気を送る分岐回路のそれぞれに取り付けられています。照明用・コンセント用に分けられている場合もあります。クーラーなど大型電気器具は専用になっていることもあります。電気器具やコードの故障でショートした時や、使いすぎて過電流が流れた場合に電気を自動的に遮断します。一般的に20A以上の電流が流れたときに動作します。

図 3.10a　分電盤の構造

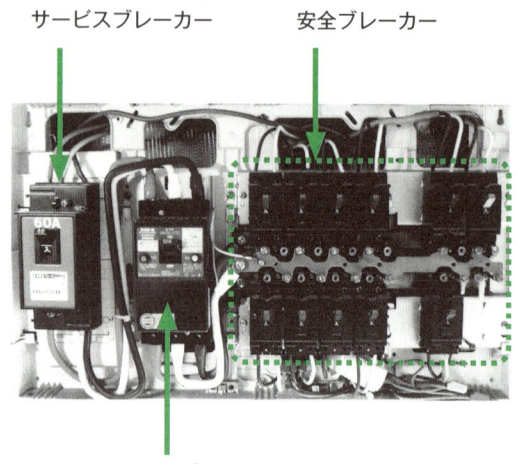

サービスブレーカー　　安全ブレーカー

漏電ブレーカー

●ブレーカーのしくみ

　電気機器や配線に異常な電流が流れたときに、電源供給を遮断することにより電気機器や電線を損傷から回避するための装置です。何種類かの遮断原理がありますが、もっともよく使われているのは、「バイメタル」という金属片を利用しているものです。

　バイメタルは、2種類の熱膨張係数が異なる金属板を貼り合わせたもので、温度が上昇すると湾曲します(熱動式)。その性質を利用して大きな電流が流れると、接点が引き外され回路を遮断します（図3.10b）。

　その他に、過電流をコイルで検知して電磁力で接点を引き離す「電磁式」、電流値をデジタル数値で感知しマイコンで制御する「電子式」があります。いずれも、次に述べる JIS 規格に従って回路を遮断します。

●安全ブレーカー動作の JIS 規格

　例えば定格電流が 20A のブレーカーの場合、20A を超える電流が流れると即座に電流が遮断されるわけではありません。日本工業規格（JIS）により、定格電流の 125% で 1 時間以内、200% のときは 2 分以内に遮断することが定められています。

　使う機器によっては始動時に大きな電流が流れることがあるので、そのような場合にむやみに遮断しないよう、このように定められています。

●漏電遮断機動作の JIS 規格

　一般家庭においては、漏電などによって異常な電流が流れると 0.1 秒以下の速さで自動的に遮断されるよう、JIS で決められています。

図 3.10b　バイメタルの動作原理

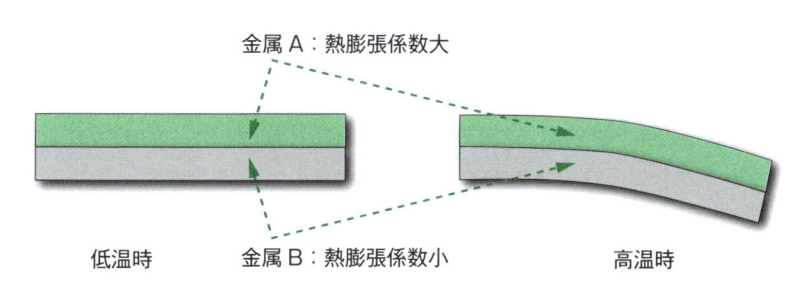

　　　　　　　　　　金属 A：熱膨張係数大

低温時　　　金属 B：熱膨張係数小　　　　高温時

3-11 安全を守るヒューズのしくみ

●ヒューズ

電気回路を大電流から保護する部品です。電気回路内に配置され、通常状態では導体として動作しますが、何らかの異常が発生すると電流を遮断します。

電力回路や電力機器で利用するものを「電力ヒューズ」といいます。大きな電流が流れると自らの抵抗によってジュール熱が発生し溶けてしまい、電気回路に流れる電流を遮断します（図3.11a）。

電気加熱を利用するドライヤーやコタツなどでは、周囲がある温度以上になったときに溶融し、電流を切断する「温度ヒューズ」が使われています（図3.11b）。

●反応速度によるヒューズの分類

ヒューズも、電流を少しでも超えたからといってすぐに切れるわけではありません。定格電流と実際に溶断するまでの時間の間にはかなりの余裕があります。また周囲の温度によっても変わります。ヒューズには次の3種類があり、カタログには電流対溶断時間特性（I-T特性）が表示されています（図3.11c）。ヒューズに流れる電流と溶断するまでの時間との関係を表しています。

●速断型（A）

一般的な電子回路の保護のために用いられます。過電流が流れるとすぐに溶断します。

●スロー・ブロー型（B）

過電流が流れて一定の時間が経過した後に溶断します。モーターなどでは電源を入れると最初に大きな電流が流れます。このような瞬間に大きく流れる電流の影響を避けるために使われます。

●ノーマル・ブロー型（C、低倍率型あるいは低電流型）

上記2つの中間の性質をもつもので、もっとも多く使われています。定格電流に対して小さな倍率の電流に対して溶断するヒューズで（たとえば定格電流の2倍で2分以内に溶断）、あまり電流が変化しない回路に好適です。

図 3.11a　様々な形のヒューズ

●ガラス管入りヒューズ
（ステンレス、セラミックの容器もある）

●平型ヒューズ
（主に自動車用）

●爪付きヒューズ

図 3.11b　温度ヒューズのしくみ

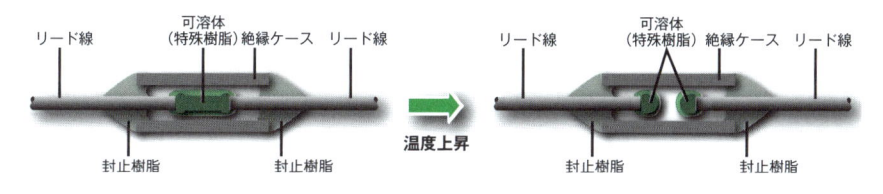

温度上昇

図 3.11c　ヒューズの動作規格

●各種ヒューズの電流対溶断時間特性

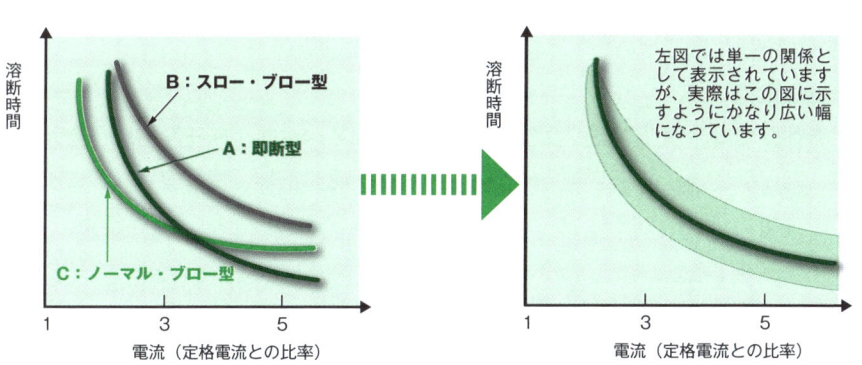

●電流対溶断時間特性の幅

B：スロー・ブロー型
A：即断型
C：ノーマル・ブロー型

左図では単一の関係として表示されていますが、実際はこの図に示すようにかなり広い幅になっています。

●ヒューズの使い方

　選定を誤ると、単に機器、回路を保護できないだけでなく、火災や事故の原因になります。ヒューズを選定するにあたっては、使用する回路に合ったものを選びましょう。定格電流だけで選択することは非常に危険です。使用する回路について、異常電流が流れた場合、何アンペアの電流が、どのくらいの時間流れたときヒューズが動作しなければならないかなども十分に吟味しましょう。その上でカタログをしっかり見て選定してください。

3-12 電線の種類

●電線の種類

電線には電力を導く電力用と電気機器の内部配線に使用する電気機器用があります。ここでは電力用について説明します。電力用電線は、裸電線、絶縁電線、ケーブル、コードに分けることができます。

●裸電線

被覆のない電線です。鉄塔から鉄塔への高圧送電線（架空送電線）に使われています。高圧送電線を絶縁するには相当分厚い被覆が必要で、電線の重量が増してしまい、鉄塔の間隔を狭くしなければならず、コストがかってしまいます。鉄塔との絶縁には「がいし」が使われます（図3.12a）。

●絶縁電線

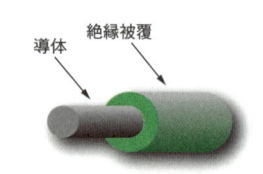

導体がゴムやプラスチックの絶縁体で覆われています。高圧配電線、屋外用架橋、高圧引込線、低圧架空電線、低圧引込線、屋内配線、電力機器などに使われています。

●ケーブル

導体に絶縁性の被覆を施し、さらに厳重に外傷から保護するために、外装と呼ばれるカバーをかけたものです。

図3.12a　電線（裸線と絶縁電線）
●裸線の例…鋼心アルミより線

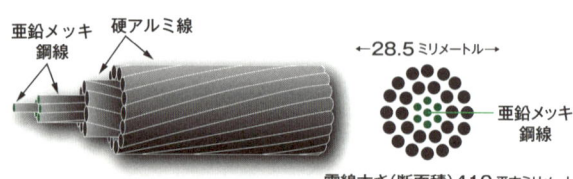

亜鉛メッキ鋼線
硬アルミ線
←28.5ミリメートル→
亜鉛メッキ鋼線
各層が交互に巻き方向を変える
電線太さ（断面積）410平方ミリメートル
1メートルあたりの重さ1.7キログラム

●絶縁電線
導体
絶縁被覆

地中電線、屋内配線、電力機器などに使われます。室内の固定配線用には平型ビニル外装ケーブル（Fケーブル）がよく用いられます。キャブタイヤケーブルは、600V以下の移動電気機器などの接続に使用されるもので、コードに比べて摩耗、衝撃、屈曲に強く、しかも耐水性を持っています（図3.12b）。

● コード

絶縁電線同様、銅などの導体に絶縁性の被覆を施しただけのものです。しかし絶縁電線と違い可とう性（可撓性：曲げやすさ）という性質があり、柔軟性があり折り曲げてもポキンと折れません。小型電気製品をコンセントにつないで、電力を供給するために使用されます。

壁や床などに固定してはいけないことになっています。一般的によく用いられるのは平型ビニルコードとキャブタイヤコードです。軽量で可とう性に優れています（図3.12b）。

● 許容電流

電線には流せる電流の限度が規定されており、許容電流といいます。許容電流をしっかり守って使いましょう。

図3.12b　ケーブルとコード

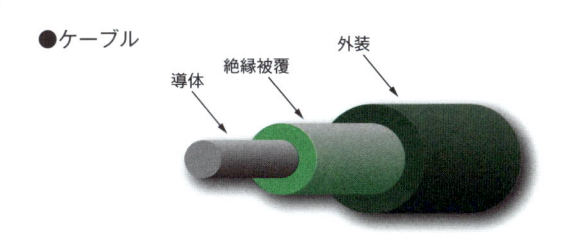

● ケーブル

導体　絶縁被覆　外装

● キャブタイヤケーブル
（4芯、3芯、2芯）

● Fケーブル（2芯用と3芯用）

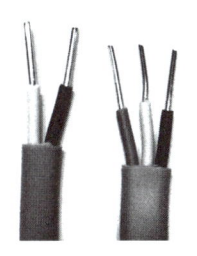

● ビニールコード

3-13 感電事故から身を守る

●感電事故について

単に不快に感じるだけでなく、わずかの電流でも心臓などを通過すると死亡に至ることがあります。感電の危険性は、電圧、電流、周波数によって異なります。アースや漏電遮断機を取り付けた対策が必要です。

●電圧

一般に数十ボルト以上が人体に影響を与え、通常の環境条件下では、50Vを超えると危険電圧と見なされています。

●電流

商用周波数で 0.5mA が人体に感ずる最小の電流で、10mA を超えると筋肉の随意運動が不能となります（表 3.13）。

●周波数

40〜150Hz が最も有害で、直流や高周波は比較的影響が少なくなります。

●静電気による感電

摩擦電気による静電気が蓄電し人体に対して放電すると、電気ショックを感じることがあります。これも感電の一種ですが、特別な場合を除いてほとんど人体には影響はありません。

表 3.13 感電（電流の大きさと人体への影響）

感電電流	人体への影響
0.5mA	何も感じないか、電流の流れる場所によってはわずかにピリピリ感じます。
1mA	ピリピリ感じます。危険性はありません。
5mA	この電流から危険が生じ始めます。
10〜20mA	握った電線を離せなくなります。
50mA	気絶、人体構造損傷の可能性、心拍停止の可能性がでてきます。
100mA	心拍停止の可能性が高く、極めて危険です。

出典：日本電気技術者協会資料より作成

●アース（接地）

アース工事とは感電、火災、機器の損傷から守るために行われる工事です。機器の外部筐体などと大地を導線でつなぎます。漏電している機器の外部筐体に触れると人間の体を電流が流れ大地に通過し感電します。しかしアース工事をしておけば人体に流れる電流は非常に少なくなります。

図 3.13a アースを取る方法
アース端子付きのコンセントを利用する。

（写真提供：明工社）

アース棒を埋め込む

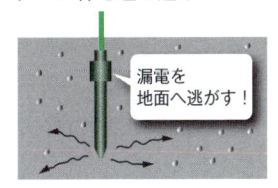

漏電を地面へ逃がす！

●アースの方法

以前は水道管につなぐ方法がよく採られていましたが、最近の水道管は幹線が塩化ビニル製のために接地の効果はありません。大地にアース棒を打ち込む方法がよく採られます（図3.13a）。

●アースが必要な機器と不要な機器

水に濡れた人体は非常に電気を通し易くなります。水周りで使う洗濯機、乾燥機、冷蔵庫、食器乾燥機、IHクッキングヒーター、温水洗浄便座にはアースが必要です。エアコンも結露がありますのでやはり必要になります。電子レンジは高い電圧でしかも大きな電力で使いますのでアースが必要です。一方テレビやビデオなど乾燥した場所で使うものについては不要です。

なお、パソコンやプリンタなどの周辺機器にもアース付きのコードが付いている場合がありますが、これは「漏電時の感電防止」のためではなく、

- 落雷時にパソコンなどを壊さない。
- パソコンなどが出す電磁波を外部に漏らさない。
- 逆にパソコンなどが外部の電磁波を拾わない。

ためのものです。

図 3.13b アースの効果

漏電　感電！　アースをとると　漏電　電気　安全！

3-13 感電事故から身を守る

3-14 家庭での電力消費の推移

●家庭での電力消費

　一世帯あたりの年間エネルギー消費量は電気、ガス、灯油などを含めて、原油換算にしますと約1.17キロリットルです。

　電力がもっとも多く44.9％、灯油24.3％、都市ガス17.5％、LPG12.2％、その他（石炭など）1.2％となっており電気が半分近くを占めています。

　家庭での電力消費は、国内の全電力消費の1/4以上と大きな比率になっています。年毎の推移をみてみると、1950年代以降、家電製品が普及するにともない急激に増えてきたことがわかります。しかしながら2000年以降、家電製品の省電力化が進むに従い、伸びが緩和されてきています。家電製品毎の内訳をみてみると、エアコン、冷蔵庫、照明が上位3位を占めています（図3.14a）。

●家電製品の電力消費

　各家電製品の消費電力の一覧を示します。実際は同じ機器でも商品によってかなり差があり、また使用条件によっ

図 3.14a　家庭でのエネルギー消費

●エネルギー源別エネルギー消費の比較

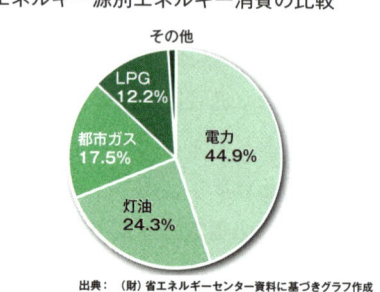

- 電力 44.9％
- 灯油 24.3％
- 都市ガス 17.5％
- LPG 12.2％
- その他

出典：（財）省エネルギーセンター資料に基づきグラフ作成

●各家電機器が占める消費電力比率

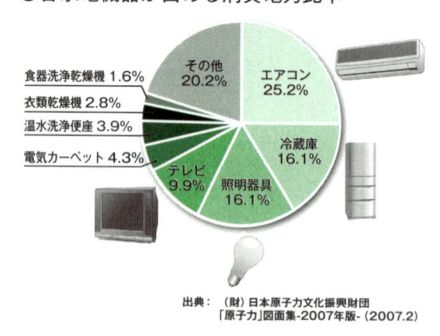

- エアコン 25.2％
- 冷蔵庫 16.1％
- 照明器具 16.1％
- テレビ 9.9％
- 電気カーペット 4.3％
- 温水洗浄便座 3.9％
- 衣類乾燥機 2.8％
- 食器洗浄乾燥機 1.6％
- その他 20.2％

出典：（財）日本原子力文化振興財団「原子力」図面集-2007年版-（2007.2）

●1世帯あたり電力消費量の推移

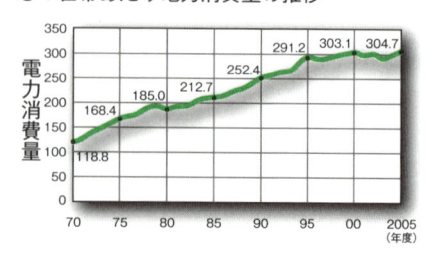

年度	電力消費量
70	118.8
75	168.4
80	185.0
85	212.7
90	252.4
95	291.8
00	303.1
2005	304.7

出典：日本原子力文化振興財団：「原子力」図面集-2005-2006年版

表 3.14a　家電製品の消費電力

製品名	消費電力（W）	製品名	消費電力（W）
掃除機	1000	ドライヤー	900
電気ポット	700	扇風機	50
トースター	1000	デスクトップパソコン	200
アイロン	1200	ノートパソコン	20
ホットカーペット	600	炊飯器	500
コタツ	600	電子レンジ	1000
カラーテレビ	200	乾燥機付き全自動洗濯機	900
HDDレコーダー	40	冷蔵庫	300
布団乾燥機	600	エアコン	800

ても大きく異なります。消費電力についてはそれぞれの機器ごとに説明します。ここではごく大雑把な目安と解釈してください（表3.14a）。

●待機電力による電力消費

　コンセントにプラグが差し込まれたままになっていますと、電気機器を使用していなくても電力を消費します。この電力を「待機電力」といいます。

　テレビやビデオ機器、エアコンなどではリモコンからの入力に備えて絶えず電力を消費しています（表3.14b）。携帯電話やラジカセなどではACアダプターがよく使われます。これらもコンセントにさしこまれた状態では電力を消費しています。

表 3.14b　家電製品の待機電力ワースト5

1位	ガス給湯器・風呂釜
2位	HDD・DVD
3位	ビデオデッキ
4位	石油給湯器・風呂釜
5位	ガス瞬間給湯器

　個々の待機電力量は非常にわずかですが、数が多くなり、時間も長くなるとかなりの電力を消費します。日本の一般的な家庭では、1年分の全消費電力のうちの1カ月分を待機電力で消費しています。

●自販機の電力消費

　1台で、平均的な家庭の消費電力の80%に匹敵する電気を消費します。全国には250万台の自販機があるので、かなりの消費電力量となります。

第4章

電気で照らす

　白熱電球は安価ですが電力消費が大きいという欠点があります。一方で蛍光灯は非常に省電力です。さまざまな形の蛍光灯が開発されてきました。そしてこれからの照明として、LEDが期待されています。

4-1 照明で使われる用語

●照度とは何か

照明分野では、日常生活ではなじみのない専門用語が多く出てきます。まず「照度」は、机の上や部屋の中などの照らされている場所がどれくらい明るいかを「ルクス」という単位で表します。

図4.1a 照度
●照度計
（提供元：テストー）

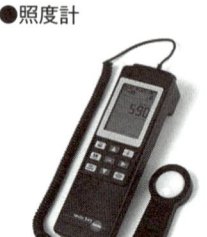

●いろいろな場所での照度

場所	照度（ルクス）
晴天の屋外	10,000
机の上	800
平均的室内	300
リビング	80
地下駐車場	20
満月	0.2

晴れた日の真昼の屋外は10,000ルクスくらい、平均的な照明の室内は約300ルクスくらい、満月の下では約0.2ルクスくらいです。照度は照度計で測定します。同一の光源を使っても、距離が離れるにしたがい照度は暗くなります。

●光度・輝度と全光束とは何か

光度も輝度も、光源の明るさを示す量です。「輝度」は光源の単位面積あたりから、一定の角度範囲（単位立体角）にどれだけの光を放射しているかを表すもので、単位は「カンデラ毎平方メートル」（cd/m^2）です。「光度」は輝度に光源の面積をかけたもので、単位は「カンデラ」（cd）です。

テレビやディスプレイの明るさを示すときには輝度が、電灯の明るさを評価するときには光度が用いられます。高輝度プロジェクターという言葉が使われますが、この場合の「高輝度」というのは「全光束」が大きいという意味です。このように用語があいまいに使われることもあります。

「全光束」は、光源から放射する光のエネルギーの総和であり、光度を全角度範囲にわたって足し合わせた量です。全光束の単位としては、「ルーメン」（lm）が使われます。全周囲にわたって均一に光を放射する光源の場合、光度が1cd

> **要点 4.1　輝度と光度のまとめ**
> ●光度 ＝ 輝度 × 光源の大きさ
> ●全光束 ＝ 光度×全球

であれば、全光束は4πlm となります。しかしながら、指向性を有する光源や、レンズ等を用いた光源の場合には、放射が均一ではなくなり、このような換算ができません。この場合は「積分球」という器具を用いて測定します。積分球の内面は反射率が1に非常に近く、中央に置かれた光源からの光は、内面で反射を繰り返し、すべて受光部に到達します。

図 4.1b　全光束を測定するための積分球

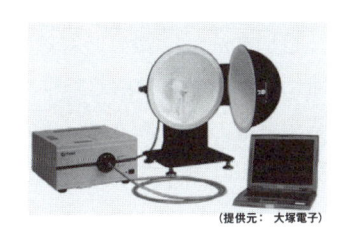

(提供元：大塚電子)

●発光効率とは何か

全光束を入力電力（W）で割ったもので、1W 当たりの全光束です。単位は「ルーメン毎ワット」（lm/W）を用います。この値が大きいほど効率の良い照明ということになります。発光効率のことを「ルーメン・ワット」ということもあります。

●色温度とは何か

光源には白熱電球のように赤っぽいものや、蛍光灯のように青っぽいものがあります。この違いを表すために色温度という量が使われます。単位は「ケルビン」（K）です。赤っぽいと低く、青っぽいと高くなります。

図 4.1c　色温度と色の関係

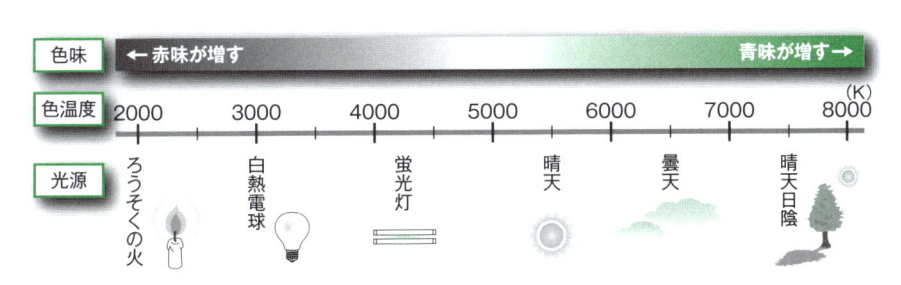

色味	←赤味が増す						青味が増す→
色温度	2000	3000	4000	5000	6000	7000	8000 (K)
光源	ろうそくの火	白熱電球	蛍光灯		晴天	曇天	晴天日陰

4　電気で照らす

4-1　照明で使われる用語

4-2 白熱電球とは何か

●白熱電球の特徴

　特別な点灯回路を必要とせず、単価も非常に安く、色温度は3,000K位で非常に温かみのある色であり、今まで非常に多くが使われてきました。しかしながら消費電力が大きいという欠点があり、しだいに使われなくなってきています。発光効率は蛍光灯の約1/5です。

●白熱電球の構造と発光のしくみ

　物質の温度が上昇すると電磁波が放射されます。温度が低いと赤外線が放射され、高くなるにつれ赤っぽい光からしだいに白い光が放出されるようになります。この現象を温度放射といいます。

　白熱電球は、(1)光を発するフィラメント、(2)それを保護するガラス球、そして(3)口金から成り立っています（図4.2）。このフィラメントは、高温に強いタングステンという金属で作られています。電流を流すと電気抵抗により2,000～3,000℃の高温になり、温度放射により暖かみのある白色光を発します。

図4.2　白熱電球の構造
(1) フィラメント
(2) ガラス球
(3) 口金
電流の流れ

●白熱電球の寿命

　多くの白熱電球の寿命は1,000～2,000時間であり、10,000時間以上のものが開発されている蛍光灯と比べると非常に短いといえます。高温になるとフィラメントが蒸発（昇華）してしまう（切れてしまう）ことが原因です。

　管球の中が真空の場合には特に寿命が短くなるので、球内に窒素やアルゴンなどの不活性ガスで満たすことによって昇華を抑えています。

●改良された白熱電球

　管球内部に散乱や反射のための光学処理を施した反射形ランプや、アルゴンガスより原子量の大きいクリプトンガスを封入し小型・長寿命を実現したクリプトン電球など、いろいろな白熱電球が市販されています（表4.2）。

　白熱電球のタングステンは寿命がくると切れてしまいますが、白熱電球の管球の中に微量のハロゲンを封入したハロゲンランプでは、昇華して管球に析出したタングステンがハロゲンと化合し蒸発して再びフィラメントに戻ります（この一連の反応を「ハロゲンサイクル」といいます）。これにより、通常の白熱電球の数倍の寿命を実現できました。

　また寿命が白熱電球と同等でよければ、温度を高く設定して使用することでき、発光効率を高くすることができます。

●白熱電球の廃止

　2008年4月、政府は洞爺湖サミットに先立ち、電力消費が多い白熱電球を2012年をめどに廃止し、電球型蛍光灯への転換を促す方針を示しました。電球形蛍光灯は、消費電力が白熱電球の約5分の1で、寿命も長く省エネ効果が高いためです。業界2位の東芝ライテックはすぐさま白熱電球のラインの廃止を決めました。ただし、クリプトン電球、ハロゲンランプ、反射形ランプなど、電球形蛍光ランプなどに置き換えができない小形の白熱電球は対象外とされています。

表4.2　さまざまな白熱電球

名称	形状	説明
ホワイト電球		ガラス内面に白色の塗料を塗布した電球
クリア電球		ガラス管が透明な電球
ボール電球		球形の電球
ミニランプ		小型の二重コイルでキラキラと輝きます
クリプトンミニ電球		クリプトンを封入し、長寿命を実現した電球
レフ電球		内面の半分にアルミニウムを真空蒸着して反射鏡とした電球
シャンデリア電球		ガラス管がろうそく形状の電球
クールメルビーム電球		前面への熱放射を少なくした電球
リネストラ		直管型の電球

4-3 蛍光灯のしくみ

●蛍光灯の構造と点灯のしくみ

　蛍光灯のガラス管の内側には蛍光体が塗られており、内部には少量のアルゴンなどの希ガスとともに水銀が封入されています。管の両端のコイル状のフィラメントには、電子を放射するエミッタ（電子放出物質）が塗装されています。

　2つのフィラメントに電流を流すと、エミッタが高温になり電子が放出され、高電位側のフィラメントに引っ張られ、両極間でプラズマ放電が起こり、プラズマが発生した紫外線が管の内壁の蛍光体を照射し発光します（図4.3a）。

　蛍光灯には次のような特徴があります。

●省電力

　発光効率が良く、白熱電球の約5倍です。白熱電球と同じ全光束を得るのに1/5の電力ですみます

●寿命が長い

　6,000～10,000時間の寿命があり、白熱電球の1,000～2,000時間に比べると格段に長くなっています。

●発光色が豊富

　さまざまな蛍光体が開発されており、蛍光体の選定、混合割合を変えることに

図4.3a　蛍光灯の発光のしくみ

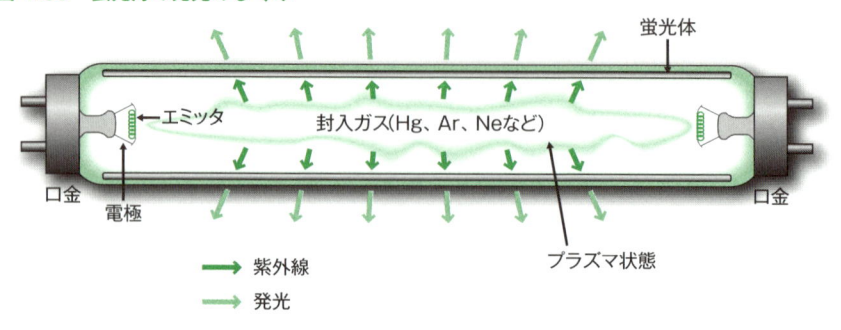

よってさまざまな色の蛍光灯を実現することができます。白色、昼光色、三波長発光蛍光灯など数多くの種類が開発されています。

● **フリッカー**

商用電源の 50 ～ 60Hz で動作させた時には、「フリッカー」と呼ばれるちらつきが生じます。

●蛍光灯の3つの始動方式

蛍光体を点灯するには、電子が放出されるようにエミッタを温め、放電のために電極間に高電圧をかけることが必要です。そのために「スタータ型」「ラピッドスタータ型」「インバータ型」の3つの方式があります。

● **スタータ型**

点灯回路が簡単なため、もっとも普及しています。エミッタを温め、高電圧をかけるために「点灯管」（グローランプ、電子点灯管、あるいはデジタル点灯管）と呼ばれるスタータを用います（図 4.3b）。次頁に比較表を用意しました。

グローランプは、内部にバイメタルを用いているため、点灯に 2 ～ 3 秒かかります。グローランプと蛍光灯は、点灯するまで点滅を繰り返すために何度もエミッタを飛散させ、蛍光灯の寿命を短くします。またグローランプ自体の寿命も 6000 回位です。値段は 10 円くらいから入手できます。

電子点灯管は、電子回路により動作し、すぐに（0.6 秒～ 1.2 秒）点灯します。口金はグローランプと同じものを使うことができます。1 回の動作で蛍光灯を点灯でき、蛍光灯に負担をかけません。寿命も 6 万回から 12 万回以上の点灯をすることができます。値段はグローランプの 10 倍以上になります。

デジタル点灯管はデジタル回路のパルス制御により点灯させるもので、1 回の動作で蛍光灯を点灯できます。点灯時の蛍光灯の消耗をほぼゼロに抑えることができるので、蛍光灯の寿命が延び、点灯管自体の寿命も最大 30 万回です。価格は電子点灯管の倍近くになります。

図 4.3b　点灯管の種類
● グローランプ　　● 電子点灯管　　● デジタル点灯管

（提供元：DCT）

表 4.3　点灯管の比較

種類	寿命点灯回数	蛍光灯への損傷	価格
グローランプ	6,000回	大	安い
電子点灯管	60,000〜120,000回	中	中
デジタル点灯管	最大300,000回	小	高い

●ラピッドスタート型

　安定器(図4.3c)を用いることによって点灯にかかる時間を改善したものです。1秒位で点灯します。安定器には電極を温める回路と高圧を発生する回路が組み込まれています。点灯を補助するための構造が施されているランプを用いる必要があります。主に会社、ビル、学校、デパートなどで用いられます。

●インバータ型

　インバータとは直流を交流に変換する回路のことです。普通の蛍光灯では商用の交流をそのまま用いるため、1秒間あたり100回あるいは120回の放電を繰り返していますが、インバータは商用の交流を直流に変換し、さらに20〜70kHzの高周波に変換します。電子回路により電極を温めるので瞬時に点灯します。また高周波で点灯するために放電の回数が増え約1.2倍明るくなり、またフリッカーと呼ばれるちらつきも少なくなります。連続調光のできる商品も開

図4.3c　ラピッドスタート型安定器　　図4.3d　インバータ内蔵蛍光灯

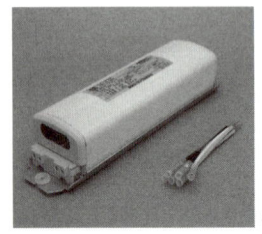

(提供元：東芝ライテック)　　　　　　　　　　　　(提供元：東芝ライテック)

図4.3e　いろいろな電球型蛍光灯

(提供元：パナソニック)

発されています。

スタンド式蛍光灯の多くはインバータ式です。シーリングライトにもよく見られます。インバータが内蔵された蛍光灯も開発されています（図 4.3d）。照明器具に安定器やスタータが不要になるので簡略になりデザインの自由度が増えます。

●形状による蛍光灯の分類

直管型蛍光灯、環状蛍光灯、電球型蛍光灯（図 4.3e）、コンパクト型蛍光灯があります。コンパクト型は電気スタンドなどで利用されているもので、口金は 1 つしか付いていません。

●無電極蛍光灯

蛍光灯の寿命にもっとも大きな影響を与えるエミッタを用いないしくみで発光させます。3 ～ 6 万時間の長寿命を実現できます。内部にはコイルが設けられており、コイルに高周波の電流を流すと中心軸方向の高周波磁場が発生します。1-16 節で説明したように、磁場と垂直な面に同心円状の誘導電場が発生し、電子は加速されます。これらの電子が水銀原子と衝突し紫外線を発生させ、紫外線

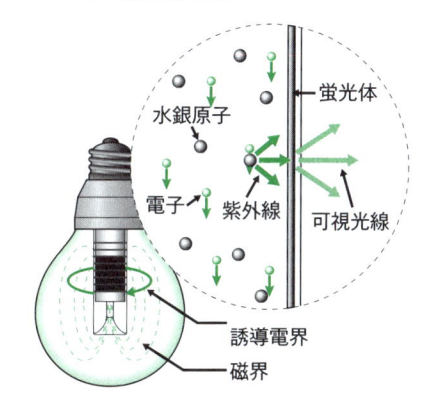

図 4.3f　無電極蛍光灯

は蛍光体を照射し発光します。長寿命なのでランプ交換などのメンテナンス回数が少なくなります。防犯灯などに用いられています（図 4.3f）。

●蛍光灯の寿命

蛍光灯の寿命は、次の 3 つの要因によって決まります。

●エミッタの消耗

長時間電子を放出すると次第に劣化し、消耗してしまうと全く点灯しなくなります。特に蛍光管の始動時に大きな損傷を受けます。蛍光管が頻繁に点滅する用途には向かないというのはこのためです。

●ガラス管への黒色の付着物

水銀蒸気がガラス中のナトリウムと反応すると、部分的に暗くなります。

●蛍光体の劣化、ガラスの透明度劣化

徐々に暗くなります。輝度については初期の70％に低下したときを寿命としています。

●冷陰極蛍光管のしくみ

普通の蛍光管は、「熱陰極蛍光管」とも呼ばれ、電極を温めることによって電子を放出するのに対し、電極を温めずに電極間に大きな電圧を印加して電子を引っ張り出す蛍光管を「冷陰極蛍光管」と呼びます（図4.3g）。

冷陰極蛍光管は、液晶テレビやディスプレイのバックライト、スキャナ用光源などに使われます。基本的な発光のしくみは普通の蛍光管と同じですが、電子を放出する箇所が異なります。電極から放出された電子は水銀と衝突し紫外線を放出し、紫外線は管壁に塗られた蛍光体に衝突し光を出します（図4.3h）。

図4.3g　冷陰極蛍光管の例

ガラス管（直径:2.6mm）
電極
133
12mm　170mm

●冷陰極管の長短所

陰極をフィラメントで温める必要がなく構造が簡単です。そのために管の外形も小さくできます。熱陰極蛍光管の外径が5mm～32mmに対して、1.8mmから5.0mmと非常に細くできるので、液晶ディスプレイのバックライトとして好適です。また、フィラメントがないために寿命が長く、繰り返し点灯にも非常に強いのですが、発光効率が劣るという欠点があります。用途に応じた多彩な形状の冷陰極蛍光管が開発されています（図4.3i）。

●発光スペクトル分布

液晶テレビやディスプレイのバックライト用途に対しては、セット側で赤、緑、

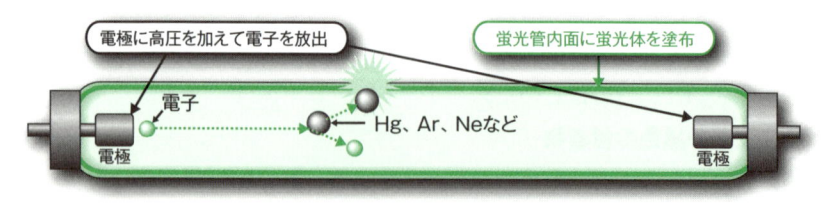

図4.3h　冷陰極蛍光管の発光のしくみ

電極に高圧を加えて電子を放出
蛍光管内面に蛍光体を塗布
電子
Hg、Ar、Neなど
電極　　　　　　　　　　　　　　　　　　　　電極

図 4.3i　さまざまな形状の冷陰極蛍光管

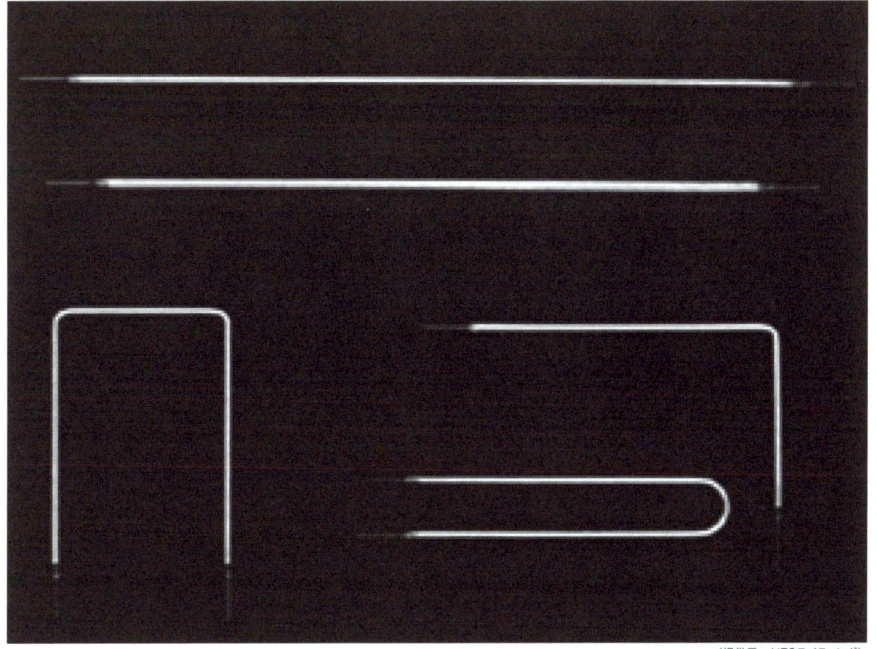

（提供元：NECライティング）

青の各色に分解しますが、分解しやすい発光スペクトル分布を有していることが求められます。連続的な分布ではなくて、3原色の赤、緑、青色の発光成分が大きいものが必要です。最近は「深紅」の蛍光体が開発され鮮やかな赤色が表現できるようになりました（図 4.3j）。

図 4.3j　冷陰極蛍光管の発光スペクトル分布

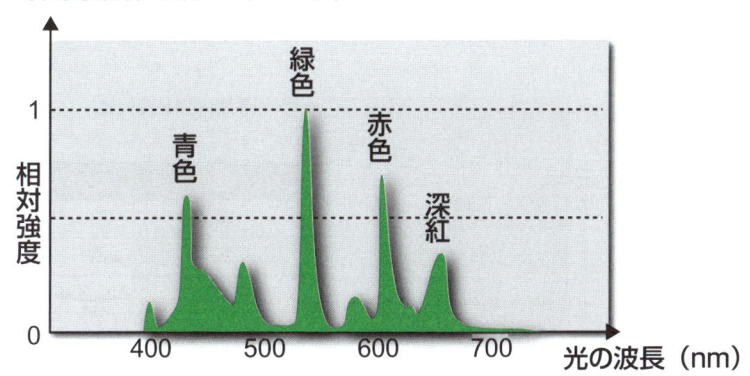

4-4 発光ダイオード（LED）のしくみ

●これからの照明の主人公

　LEDとはLight Emitting Diodeの略で、日本語では「発光ダイオード」と呼ばれます。早くから赤色や黄緑色のLEDは実用化されていましたが、青色および白色のLEDが実現できなかったために、利用分野が限られていました。

　このような状況の中で1993年に日亜化学工業が、中村修二氏が発明した青色LEDを発売しました。これをきっかけにLEDの技術は急速に進歩し、液晶ディスプレイのバックライトをはじめとして、さまざまな分野に応用されてきました。

　最近では電球と互換性のあるLEDも商品化されました。蛍光灯を上回る寿命と発光効率を備え、次第に照明装置もLEDに代わっていくものと思われます。

●発光のしくみ

　PN接合のダイオードに順方向に電圧をかけると境界部で電子とホールが再結合し、このときに光を放出します。半導体を構成する材料によって発光する色は異なります。たとえば日亜化学工業の青色LEDでは窒化ガリウム（GaN）が使われています。

　現在では赤外線、赤色から、緑色、青色、紫外線、白色などさまざまな色のLEDが開発されています（図4.4a）。

図4.4a　LED

●LEDの発光のしくみ

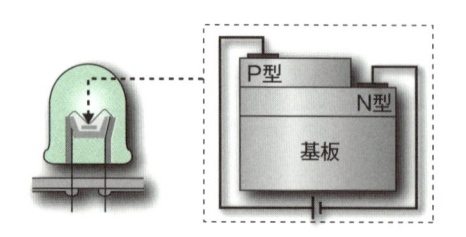

●半導体材料と発光色

色	材料
青	InGaN、GaN
緑	GaP
黄	AlGaInP、InGaN
赤・赤外	AlGaAs、GaP

●白色LED

　LEDは原理的に材料で決まる狭いスペクトル分布を持つ単一の色しか発光できません。それでは白色のLEDはどのようなしくみになっているのでしょうか。大きく分けて蛍光体を使う方法と、3色のLEDを使う方法があります（図4.4ｂ）。

●蛍光体を使う方法

　青色LEDあるいは紫外LEDに蛍光体をかぶせます。現在もっともよく用いられている方法です。LEDと蛍光体の組み合わせにより3つの方法があります。1つは青色LEDに黄色蛍光体を被せる方法です。青色LEDからの光を黄色蛍光体に照射します。この黄色と透過してくる青色によって白色となります。人間の目には白色になりますが、赤色の成分が少なく、ディスプレイのバックライトには適しません。また演色性も良くありません。2番目は紫外LEDの外側に、赤、緑、青の蛍光体を被せた方式です。紫外光を発生させる必要があるために効率が悪くなります。3番目は青色LEDに赤色と緑色の蛍光体を被せたものです。

●3色のLEDを使う方法

　3色のLEDを用いた方式です。それぞれのLEDに印加する電圧が異なるので3系統の点灯回路が必要になります。また各色のバランス調整を取る必要があります。逆に調整することによって色を変えることができるというメリットもあります。

図4.4b　白色ELDを実現する方法

●蛍光体を使う方式

青色LED＋黄色蛍光体　　紫外LED＋RGB蛍光体　　青色LED＋RG蛍光体

●3色LED方式

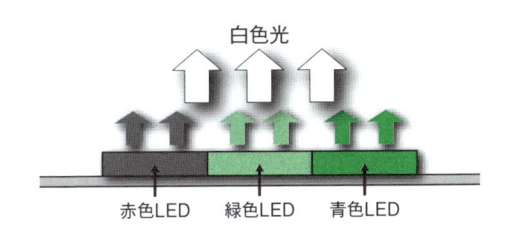

赤色LED　　緑色LED　　青色LED

● LEDの特徴

●低消費電力

発光効率が150lm/Wの白色LEDが開発されています。これは3波長蛍光灯の1.7倍に相当します。しかしLEDは熱に弱いために高出力のLEDはまだ開発途中です。2008年9月時点で商品化されている電球型LEDの中では40Wが最大です。

●長寿命

3万5千～10万時間といわれており、蛍光灯の10倍近くになります。

●小型

蛍光灯に比べるとはるかに小さくなります。そのため設計・デザインでの自由度が大きく、今後斬新なデザインの照明器具の開発が期待されます。

●指向性がある

光源が小さくまた放射範囲はある角度範囲に限られているので光を有効活用することができます。特に砲弾型LEDは前部のガラスがレンズになっており、光の指向角を15度に絞ったものもあります（図4.4c）。

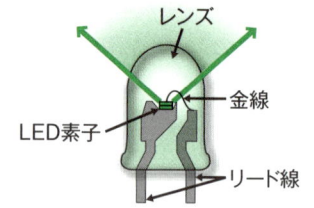

図4.4c　砲弾型LED

●明るさの調整

LEDは電流を増やすことによって明るさを調節します。しかし色も同時に変化してしまうという問題があります。色を変化させずに明るさを変えるにはパルス駆動を行い、パルス幅を変えることによって明るさを調節します（図4.4d）。

図4.4d　直流電流と明るさの関係

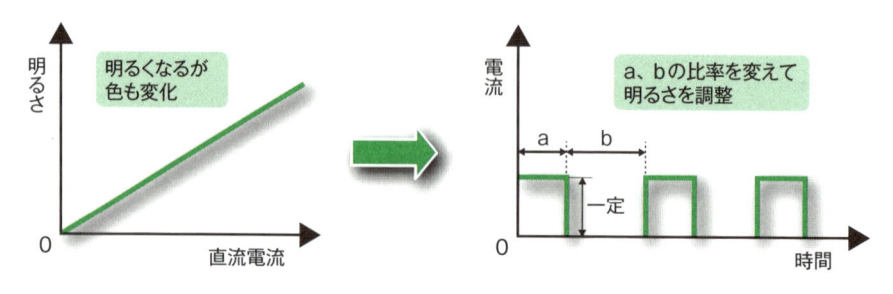

●応用分野

　この数年の LED の進歩は目覚ましくいろいろな分野で応用されるようになりました。懐中電灯の分野では LED がかなり浸透しました。従来に比べて非常に小さくなり、さまざまなデザインのものが商品化され、値段も下がり 100 円ショップでも見かけるほどになりました（図 4.4e）。

　多くの信号機に LED が使われるようになりました。従来の電球では 1 年に 1 度の交換が必要でしたが、LED によって交換回数が減り、消費電力も 70W から 15W に低減できました。またランプの信号機では、朝夕の太陽が低い時に太陽光がランプの反射鏡に反射してしまい、あたかも点灯しているように見えてしまう「疑似点灯」という現象がありましたが、LED ではこの現象を解消することができます。

　自動車用ランプの分野では、ウィンカ用ランプ、ブレーキランプ、テールランプなどに使われ始めましたが、最近ではヘッドランプにも使われるようになりました。ディスプレイの分野でも、液晶用テレビ用バックライト、プロジェクター用光源にも使われるようになってきました。これらについては後で説明します。

　今までの電灯器具でそのまま使える LED 電球も開発されました。現在は 60W ですが、もっと高出力のものが開発されるのは時間の問題でしょう。

図 4.4e　LED の適用分野

●信号機
●ヘッドライト
（出典：日経BP社ポータルサイト「ECO JAPAN」）
●懐中電灯
（提供元：ルミテック日本）
●電球型 LED
5.3 w で 60 W の電球相当
（提供元：東芝ライテック）

4-5 HIDランプとは何か

● HID ランプとは

英語の High Intensity Discharge Lamp の頭文字からつけられた名前で、「高輝度放電ランプ」とも呼ばれます。メタルハライドランプ、水銀灯、高圧ナトリウムランプなどがあります。白熱電球と比べて次のような特徴があります。

- 高輝度
- 発光効率が高く、同じ明るさであれば電力を少なくできます。
- 金属の適切な選択によっていろいろな色を発光させることができます。
- 長寿命です。点灯するにはバラストといわれる安定器が必要です。

●構造と発光のしくみ

一般的には外管の中にさらに発光管がある2重のガラス構造になっています。外管は硬質ガラス、内管は石英ガラスで作られています（図 4.5a）。

図 4.5a　HID ランプの構造と発光のしくみ

石英ガラスは紫外線を透過してしまいます。また石英ガラスに直接手を触れると白濁し光の透過率が劣化し、また破損の原因になります。この対策のために外管で保護をしています。また断熱性を高める効果もあります。

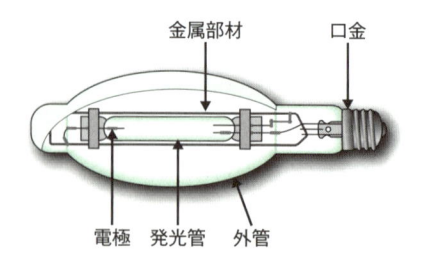

内管には放電を起こすための2つの電極が設けられ、水銀やナトリウムなどの発光のための金属物質が封入されています。この電極間でアーク放電を発生させると、温度は数千度以上となり、封入された金属を溶解し蒸気状態になり、金属固有の色の発光をします。

●メタルハライドランプ

ナトリウム（オレンジ色）、タリウム（緑色）、インジウム（青色）、スカンジ

ウム(白色)などのハロゲン化合物、水銀(青白)、また始動のためにアルゴンガス、ネオンガス、キセノンガスなどが封入されます。これらの物質の種類や比率を変えると色温度を調節できます。ハロゲン電球に比べると発光効率は約4倍、寿命も9000時間（ハロゲン電球は2000時間）と非常に長くなっています。

高輝度で色温度も高いことから、商業施設や高層ビルなどの照明、ナイター照明、テレビ、映画、舞台などの演出照明に使われています。またプロジェクター用として凹面鏡と一体化したものもあります。最近は自動車や鉄道車両の前照灯にも用いられるようになっています（以降三項目、図4.5b）。

●水銀灯

発光金属として水銀を用いたもので、発光効率は50lm/Wと、白熱電球（20lm/W）と蛍光灯（80lm/W）の中間です。色は青白色で、赤み成分が欠けています。安定器が不要なセルフバラスト水銀灯も開発されています。街路灯、公園、スポーツ施設などで使われています。

しかし発光効率や発光色の制限のために、次第にメタルハライドランプや高圧ナトリウムランプに置き換わりつつあります。

●高圧ナトリウムランプ

当初は、発光金属としてNaを用いる「低圧ナトリウムランプ」が開発されました。発光効率は120～180lm/Wと非常に効率のいいランプですが、スペクトル範囲が狭く、照射物体の色の見分けがつかないという問題がありました。

そこで開発されたのが「高圧ナトリウムランプ」であり、封入蒸気圧を高めて発光スペクトルの幅を広げました。屋外照明、工場やスポーツ施設、道路照明などに使われています。

図4.5b　HIDランプの種類と代表的な適用分野
●メタルハライドランプ（凹面鏡一体型）プロジェクターなどで利用。
●高圧ナトリウムランプ（街頭照明、野球場照明などで利用）

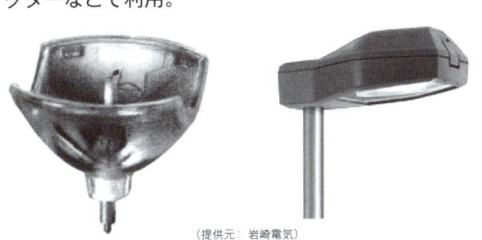

（提供元：岩崎電気）

第5章

電気でまわす・電気を貯める

　モーターは、掃除機や洗濯機等多くの家電製品に組み込まれ基本的な電気部品のひとつです。さまざまなモーターについて説明します。

　電池には、一度しか使えない一時電池と充電して何度でも使える二次電池があります。また発電効率が良く環境にもやさしい燃料電池の進歩にも目をみはるものがあります。

5-1 さまざまなモーター

●モーターの分類

電気でものを回すには、ふつうは何らかの「モーター」を利用します。モーターは「直流モーター」と「交流モーター」に分かれます。両方で使える「交直両用モーター」もあります。交流モーターは、動作原理によって「誘導モーター」と「同期モーター」に分けられ、それぞれ三相交流と単相交流で駆動するものがあります。

表 5.1　モーターの分類

交流モーター	誘導モーター	三相誘導モーター
		単相誘導モーター
	同期モーター	永久磁石同期モーター
		ステッピングモーター
		ヒステリシス同期モーター
		電磁石同期モーター
	交流整流子モーター	
直流モーター	直流整流子モーター	永久磁石整流子モーター
		電磁石整流子モーター
	無整流子モーター	

●直流モーター

ローターにコイルを巻き。電磁石を作ります。さらにブラシと整流子が設けられており、直流電流を流すとコイルが半回転するごとに、コイルに流れる電流の向きが反転し、電磁石の向きも変わります。この電磁石と永久磁石の間で磁気力を及ぼしあいローターが回転します（図 5.1a）。

図 5.1a　直流モーターのしくみ

直流モーターは，与える電圧を変えることによって容易に回転数を変えることができます。応答が速いという特徴も持っています。しかし一方で、ブラシを必用とするために寿命が短く、値段も高いという欠点があります。ファン、掃除機、ミキサーなどに使われています。

●ブラシレスモーター（無整流子モーター）

直流モーターで用いられるブラシは機械的な摩耗のために、寿命が短く、交換

やメンテナンスが必要になります。またノイズの発生源となります。半導体スイッチを使うことによってブラシを不要としたものをブラシレスモーターといいます。HDD、CD-ROM 装置のモーター、VTR のヘッドなどに使われています。

●交流モーター

交流モーターは整流子が不要なので、回転子を軽くできるため、価格が安く、出力を大きく、回転数を早くできるという特徴があるので広く使われています。

●誘導モーター

1-15 節で述べた電磁誘導現象を利用したモーターであり、動作は「アラゴの円盤」の原理に基づいています。図 5.1b のように金属円盤の周にそって永久磁石を回転させます。永久磁石の前方の場所では磁界が強くなり、逆に後方の場所では磁界が弱くなります。その結果磁石の前後で、図に示すような誘導電場が生じ電流が流れます。

磁場のもとでの電流はローレンツ力を受けます。フレミングの左手の法則から、円周方向の力を受け金属板は永久磁石にひっぱられるように回転します。この円盤を「アラゴの円盤」といいます。誘導モーターでは、この磁石の回転を二相または三層の交流電流で置き換えます。

三相誘導モーターの例を図 5.1c に示します。回転する部分を「回転子」（ローター）といいます。回転子の軸方向に導線が並べられており、かごのような形をしているので「かご形ローター」と呼ばれます。

周りの枠に固定された 3 組のコイル A、B、C に、それぞれ位相が 120 度異なる三相交流を流します。すると半径方向に、時間とともに回転する磁場が発生します。この磁場によって誘導電場が生じローターの

図 5.1b　アラゴの円盤

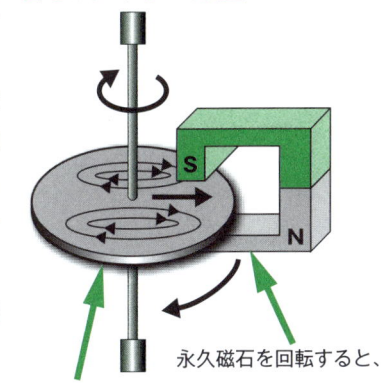

永久磁石を回転すると、円盤が永久磁石に引っ張られるように回転

図 5.1c　交流誘導モーターのしくみ

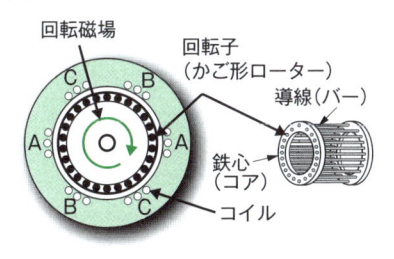

回転磁場　回転子（かご形ローター）　導線（バー）　鉄心（コア）　コイル

導線の方向に電流が流れ、導線はローレンツ力を受け回転します。二相交流の場合も同じ原理で回すことができます。

●同期モーター

図 5.1d で三相交流同期モーターの原理を説明します。三相誘導モーターと同じく 3 組のコイル A、B、C を使って時間とともに回転する磁場を発生させます。永久磁石で作られている回転子は回転磁場に引っ張られて磁石が回転します。

回転子には永久磁石のかわりに鉄などの磁石に吸いつけられる「強磁性体物質」を用いることができ、リラクタンスモーターと呼ばれています。コストを下げることができます。

●インバータで回転数調整

交流モーターの回転数は入力する交流の周波数で決まります。直流のように連続的に変えることはできません。連続的に変えるには入力する周波数を変えなければなりません。そのための回路がインバータ回路です（2-2 節参照）。

まず、入力の 50 ヘルツ、あるいは 60 ヘルツの交流をコンバータで直流に変換します。そののち 2-2 節で説明しましたようにスイッチの切り替えで交流に変換しますが、切り替えの速さを可変できるようになっています（図 5.1e）。

図 5.1d　同期モーター
●回転子が永久磁石：

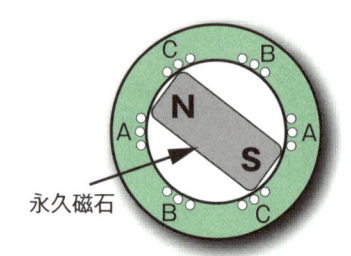

永久磁石

●回転子が強磁性体：

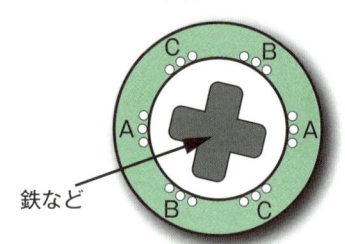

鉄など

図 5.1e　交流モーターの回転数調整

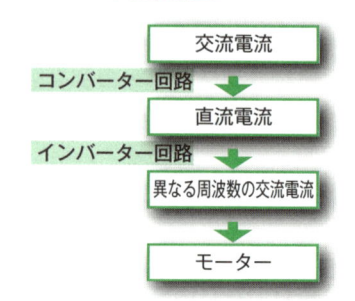

交流電流
↓ コンバーター回路
直流電流
↓ インバーター回路
異なる周波数の交流電流
↓
モーター

●その他のモーター

●ステッピングモーター

ステップモーター（またはパルスモーター）は、入力するパルス数によって

回転角が決まります。高精度な動きが必要な機械に使用されます。パルスが1つ送られるごとに一定の角度だけ回転しますが、この角度のことを「ステップ角」といいます。ステップ角が小さなものほど高精度ということになります（図5.1f）。

パルス発生周波数を変えることによって回転速度を変えます。応答速度は他のモーターと比べて遅く、またパルスを発生させるための回路が必要になります。ビデオカメラ用のズームレンズやオートフォーカスのレンズ移動、プリンタやFAX機の紙送り、時計、パチンコなどに使われています。

図5.1f　ステッピングモーターのしくみ
●パルス数とステップ角の関係

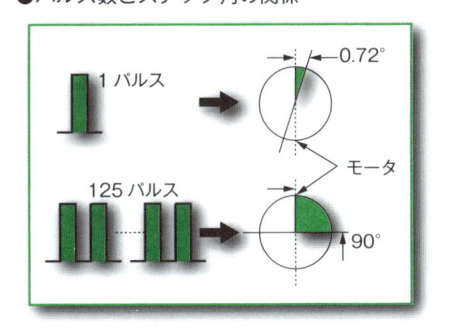

図5.1g　サーボモーターのしくみ

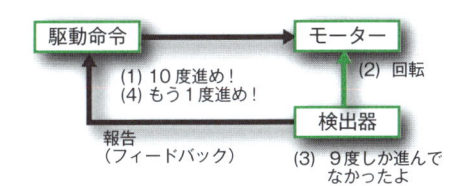

●サーボモーター

モーター軸の回転速度、回転位置を検出する機能が搭載されており、位置や速度の指令信号と検出した信号が異なっているとき、この差を計算し、自動的に修正することによって高精度の位置決めを行うことができます（図5.1g）。

●リニアモーター

回転運動ではなくて、直線運動をするモーターです。回転モーターと同じく誘導型と同期型があります。同期型は、永久磁石で作られている可動部と、極性が順次反転している電磁コイルが直線状に連なっている固定部から構成されています。コイルからの磁力によって永久磁石を引っ張ります。コイル電流を切り替えることによって永久磁石を一方向に移動させます（図5.1h）。

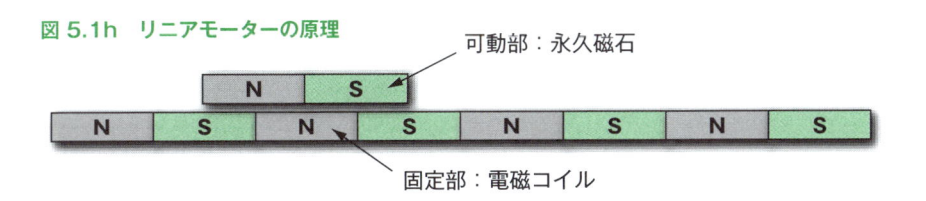

図5.1h　リニアモーターの原理

5-1　さまざまなモーター

5-2 洗濯機とモーター

●洗濯機の種類

●洗濯乾燥機

洗い・すすぎ・脱水・乾燥まですべてを自動で行います。乾燥までの時間が長く、電力・水量とも消費量が非常に多くなる難点があり、一部に乾き具合が不十分であったり、シワが多いような機種もあります。一般的に独立した乾燥機の方が仕上げ時間は短くなります。

●全自動洗濯機

洗い・すすぎ・脱水を自動で行うもっとも普及している種類です。汚れがよく落ちる商品がある一方、洗剤・水量の消費が多い難点もあり、汚れの少ない洗濯物を洗う際は資源を無駄にすることになります。

●二層式洗濯機

洗い・すすぎを行う槽と脱水槽が別々の構成です。脱水中に次の洗濯ができる長所がある一方、洗濯槽と脱水層の間で洗濯物を移動しなければならないという面倒さから、次第に需要が減ってきています。

●乾燥機

洗濯物を回転させながら熱風を送り込んで乾燥させます。洗濯機と一体になったものよりは乾燥力、乾燥時間とも優れています。ガスの乾燥機の方が省エネでしわも少ないようです。

図 5.2a　洗濯機の種類
●洗濯乾燥機　●全自動洗濯機　●二層式洗濯機　●乾燥機

（提供元：東芝）

●洗濯方法の種類

●ドラム式

ドラム槽ごと回転させ、衣類を上から下へ落としてたたき洗いをします。洗濯時間が長く、洗浄力が多少弱くなりますが、少量の水で洗うことができます。乾燥洗濯機や一部の全自動洗濯機で採用されています。

●回転式（水槽式）

洗濯槽に水を貯め、槽の底部に設けられた「パルセーター」と呼ばれる小型の羽で水流を回転させる方式で、撹拌式とも呼ばれます。二槽式洗濯機と全自動洗濯機はこの方式です。洗浄力は強いのですが、使用水量が多い、衣類を傷めやすいという欠点があります。

図 5.2b　洗濯方式
●ドラム式
●回転式

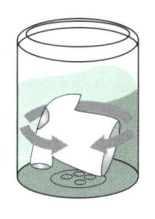

●洗濯機のモーター

従来は、寿命が長い、価格が安いという理由で「誘導モーター」が使われてきましたが、誘導モーターは消費電力が大きいという問題があります。このために次第に「ブラシレス直流モーター」に移行しつつあります。

●洗濯機の駆動方法による分類

モーターの回転力をパルセーターに伝えるには、ベルトを介して伝えるベルトドライブ方式、ギアを介して伝えるギア併用方式、直接パルセーターを回すダイレクトドライブ方式の3つの方式があります。ダイレクトドライブ方式は値段は高くなりますが非常に静かです。

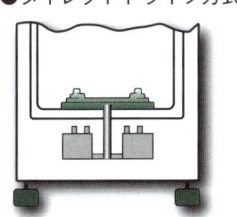

図 5.2c　駆動方式
●ベルトドライブ方式　　●ギア併用方式　　●ダイレクトドライブ方式

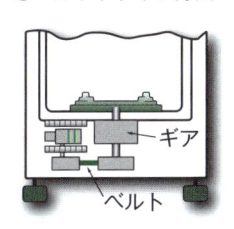

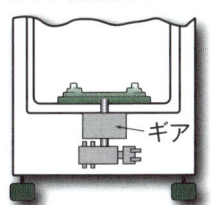

5-3 掃除機とモーター

●紙パック方式

本体の中にごみを貯めるための紙パックを装着した、広く普及している方式で、比較的安価です。吸い込んだごみは紙パックに貯まり、空気は紙パックのフィルターを通してきれいな空気になって後ろから排気されます。紙パックにごみが貯まったり、フィルターが目詰まりを起こすと吸引力が落ちてしまうので、交換する必要があります。交換は簡単で手を汚すことなく作業ができますが、ランニングコストがかかる、つねに予備が必要という不便さがあります（図5.3a）。

●サイクロン方式

最近人気が出てきている方式で、紙パックは使わず、吸い込んだ空気をダストカップの中でたつまき状に回転させ、遠心力によってごみと空気に分離します。ごみはダストカップに貯まり、空気はフィルターを通過して排気されます。紙パック不要なので経済的、ゴミが溜まっても吸引力が落ちにくい、排気の空気がきれ

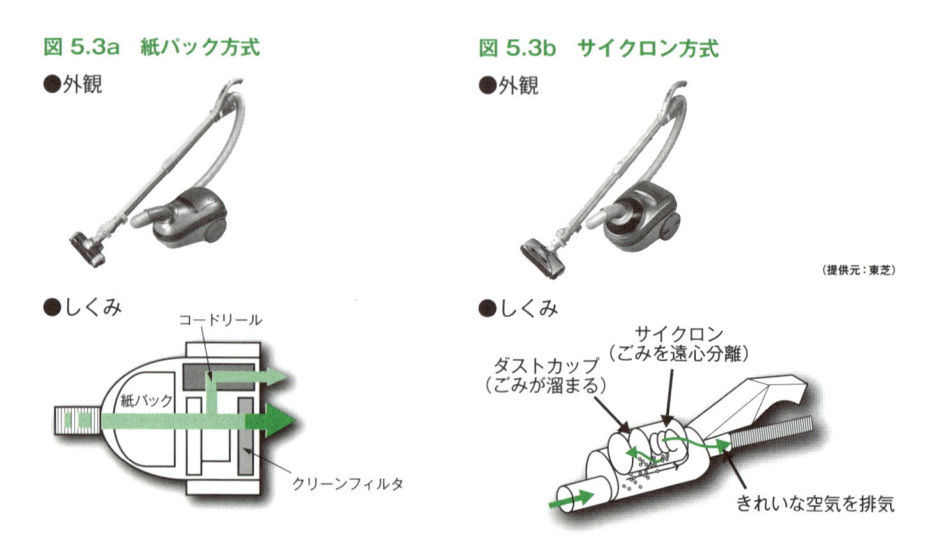

図 5.3a　紙パック方式
●外観
●しくみ
コードリール
紙パック
クリーンフィルタ

図 5.3b　サイクロン方式
●外観
（提供元：東芝）
●しくみ
サイクロン（ごみを遠心分離）
ダストカップ（ごみが溜まる）
きれいな空気を排気

いという長所がありますが、一方でフィルターやダストカップの掃除が必要、集められるごみの容量が少ないという欠点があり、また比較的高価です（図 5.3b）。

●掃除機のモーター

掃除機用モーターは高速回転が必要です。一般の交流モーターの最大の欠点は高速回転や速度を変えることが面倒なことです。この欠点を補うために掃除機では交流整流子モーターが使われています（図 5.3c）。そのしくみについて説明します。構造は 1-13 で説明した交流モーターと同じです。このモーターに交流を流します。

最初の半回転は直流と同じ向きに電流が流れますからコイルは反時計回りに回転します。次の瞬間に交流の極性が変わり電流が逆向きに流れてしまいます。しかしこのとき同時に界磁の向きも逆転し、コイルは同じ方向にまわり続けます。このモーターは交流で駆動しますが直流モーターと同じ特徴を持ちます。容易に回転速度を変えることができ、高速回転が可能で、また掃除機に適しています。

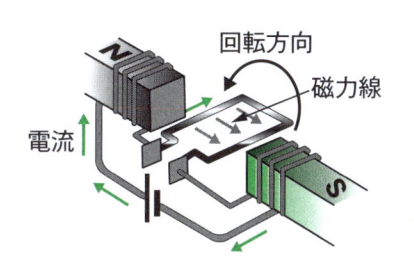

図 5.3c　掃除機のモーター
●交流整流子モーター

●掃除機の性能

「吸込仕事率」は、掃除機が吸い込む力を表し、日本では多くの場合、この数字によって評価されます。2008 年 7 月現在 600W が最強です。しかしこの値は、かならずしもゴミがよく取れるということを表しているわけではありません。

「ダストピックアップ率」は、一定の条件でごみを散布し、そのうちの何％が回収できたかを表す量です。吸込仕事率以外にノズルにもかなり影響されます。60 〜 70％の値となれば非常に良好です。

図 5.3d　お掃除ロボット

●お掃除ロボット

自動的に部屋を掃除してくれます。障害物や段差を感知して自動走行します。四隅のほこりもブラシが回転して集めてくれます（図 5.3d）。

（提供元：セールス・オンデマンド）

5-4 電動車両とモーター

●電車の構造

電車は架線からパンタグラフを通じて電流をとり、その電流を制御装置で調節して主電動機（モーター）を回します。主電動機の回転は減速装置を経て車輪に伝わります。電車は基本的には直流で動きます。電圧は1500Vが一般的です。

●直流電化区間

日本は地域によって直流電化区間と交流電化区間があります。新幹線と北海道、東北、九州のJR線を除いた殆どの区間が直流電化区間になっています。電力会社の交流を、変電所で1500Vの直流に変換して各電車に供給します。車両には変圧や整流の装置がいらないので安く作れます。

●交流電化区間

新幹線、北海道、東北、九州のJR線の多くが交流電化区間になっています。25KVなどの高圧の交流が供給されています。高圧で送るために送電損失が少なくてすみ、また変電所の間隔も長くできるので、地上設備のコストを安くできます。

一方電車は、直流の1500Vでモーターを駆動するために、変圧器と整流装置が必要になり高くなります。新幹線は地方を走行することが多く、また多くの電力を消費するので送電損失の少ない高圧の交流が使われています。

図5.4a 電車と電流
●電車のしくみ

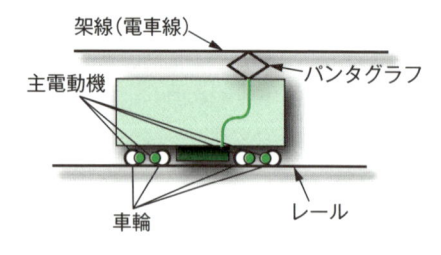

●直流電化区間と交流電化区間の対比

直流電化区間	交流電化区間
1500V 直流を供給	25kV 交流を供給
そのままの電圧でモーターを駆動	変圧器、整流器が必要
車両：安い	車両：高い
地上設備：高い	地上設備：安い
主に都会	主に地方

●スピード制御

直流モーターの速度を変えるには電圧を変える必要があります。電圧を変えるために抵抗をつなぐという方法で行われました。加速したり、ブレーキをかけるためには段階的に抵抗器を切り替えます。また抵抗は電気を浪費するという問題もあります。

●ブレーキ充電

最初のころは摩擦で止めるブレーキが使われていましたが、摩耗してしまうという問題があります。そこで考え出されたのが「ブレーキ充電」です。ブレーキをかける時は、モーターの接続回路を切り替えることで発電機として動作させます。ブレーキをかけることで発生した電力を、架線を通じて他の電車で有効に利用できるようにしたものを「回生ブレーキ」と呼びます。

図 5.4b　ブレーキ充電のしくみ

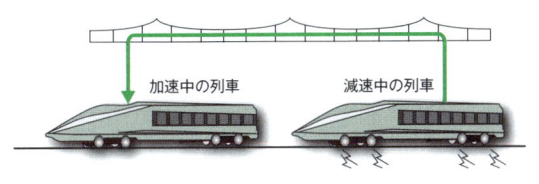

●交流モーターとインバータ

直流モーターには整流ブラシが必要ですが、整流ブラシは摩擦のために摩耗します。このメンテナンス・交換作業にかなり労力がかかる上、加減速時には抵抗体に電流を流さねばならず、電力が損失します。これらの問題を解決するために、構造が簡単で小型化できる交流モーターが用いられるようになりました。

交流モーターの最大の弱点である速度の変更は、インバータ技術の進歩によって解決されました。2003年には新幹線も三相交流誘導モーターに統一されました。

図 5.4c　交流モーターと直流モーターの比較

●直流モーター　　●交流モーター

出典　"日刊工業新聞社HP
　　　雑誌解体新書編集部
　　　モノのしくみ・技術のふしぎ編"

5-4　電動車両とモーター

5-5 電池のしくみと分類

●電池の分類

電池は「化学電池」と「物理電池」に大きく分けることができます。化学反応によって電気エネルギーを得るものが化学電池です。電池といえば一般的には化学電池のことをいいます。物理電池は物理現象から電気エネルギーを発生させるもので、太陽電池などがあります。本節では化学電池について説明します。

●化学電池のしくみ

●金属のイオン化傾向

一般に、金属は電子を放出して陽イオンとなる傾向があります。しかし、その強さは金属によって異なります。このイオンになりやすさの度合を「イオン化傾向」といいます。主な金属をイオン化傾向の強い順に並べると、リチウム＞マグネシウム＞アルミニウム＞マンガン＞亜鉛＞クロム＞鉄＞カドミウム＞コバルト＞ニッケル＞スズ＞鉛＞銅＞銀の順になります。

●電池の構造

電池は電極となる2種類の金属と電解液で構成されます。ボルタが考案した「ボルタ電池」では、2種類の金属として亜鉛と銅を用い、亜鉛と銅を導線で接続します。電解液は希硫酸です。

電解液中には水素イオンと硫酸イオンが溶けています。亜鉛と銅では亜鉛の方がイオン化傾向が強いので、亜鉛が電子を放出して亜鉛イオンとなって電解

図 5.5a　ボルタ電池のしくみ

① 亜鉛板で電子が発生
② 電子が銅板のほうに移動
③ 水素イオンが電子を受け取る

銅板（プラス極）、亜鉛板（マイナス極）、電子、水素ガス、水素イオン、希硫酸（電解液）、亜鉛イオン

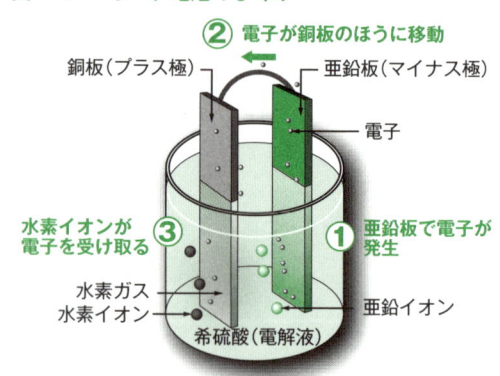

● 希硫酸（電解液）に銅板（プラス極）と亜鉛板（マイナス極）を入れ、導線でつなぎます。

液に溶け出し、硫酸イオンと結合し硫化亜鉛となります。この反応を「酸化反応」といいます。残された電子は導線を伝わって銅に向かいます。この結果、電流は銅から亜鉛に流れ、電子は水素イオンと結合し水素分子が発生します。この反応を「還元反応」といいます。電池は酸化、還元反応によって構成されています。

●化学電池の分類

●一次電池・二次電池と燃料電池

化学電池には、使い切りの「一次電池」と、充電してなんども使える「二次電池」があります。さらに外部から化学エネルギー源となる燃料を供給することによって電気エネルギーを作り出すことのできる「燃料電池」があります。

●乾電池と湿電池

電池を電解質によって分類することもできます。電解質に溶液を使用したものを「湿電池」といい、電解質溶液を布や紙などに染み込ませるなどの処理をして液体が漏洩しない構造にしたものを「乾電池」といいます。

●形状による分類

円形電池、006P型、パック型、ガム型、ピン型などがあります。円形電池には円筒型電池（円筒の直径よりも高さが大きい）、ボタン型電池（円筒の直径と高さが同程度）、コイン型電池（円筒の直径よりも高さが小さい）があります。市販の円筒型乾電池には、単一から単五の種類があります。

表 5.5　円筒型電池の種類

	高さ (mm)	直径 (mm)
単1	61.5	34.2
単2	50.0	26.2
単3	50.5	14.5
単4	44.5	10.5
単5	30.2	12.0

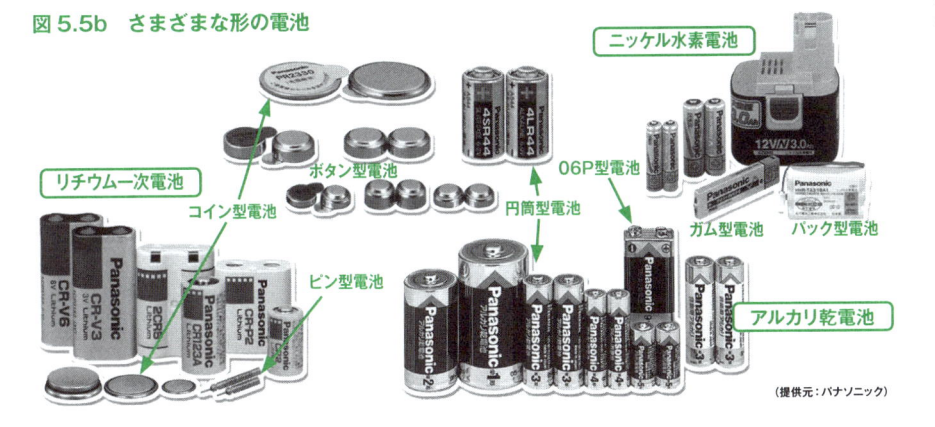

図 5.5b　さまざまな形の電池

（提供元：パナソニック）

5-6 さまざまな一次電池

●円筒型電池

●マンガン乾電池

　正極に二酸化マンガン、負極に亜鉛、電解液に酸化亜鉛を用いています。酸化亜鉛はペースト状に容器の中に充てんされています。エネルギー容量は少ないのですが安価です。付加電流があまり流れない製品に使用します。

　休ませると回復する性質があるので、懐中電灯、リモコン、ストーブやコンロなどの点火用途に適しています。黒ラベルと赤ラベルがありますが、黒ラベルのほうが性能は上回ります。

●アルカリ乾電池

　アルカリマンガン乾電池ともいいます。正極に二酸化マンガン、負極に亜鉛、電解液に水酸化カリウムを用いています。寿命はマンガン電池の 1.5 〜 10 倍です。寿命を考慮するとマンガン電池よりも割安となります。モーター駆動、カメラのフラッシュ、デジタルカメラなど、連続的に大きな電流が流れる機器に適しています。エボルタ電池（パナソニック）もアルカリ乾電池の一種ですが、あらゆる電流域で従来のアルカリ電池を上回り、デジカメ用途にも適しています。

表 5.6a　一次乾電池の種類

	性能	性能	価格	主な用途
マンガン乾電池	△	△	◎	時計、リモコン、ドアチャイム、ガスや石油機器の自動点火など。
アルカリ乾電池	○	○	○	デジカメ、携帯オーディオ機器、電動玩具、懐中電灯などほとんどの機器。
ニッケル系乾電池	○	○	○	デジカメなど：余り製造されなくなりました。
リチウム乾電池	◎	◎	△	デジカメ、バックアップ電源など：最近はあまり製造されなくなりました。

●ニッケル系電池

正極にオキシ水酸化ニッケル、負極に亜鉛、電解液には水酸化カリウムを用いています。高負荷に強く、また低温下でも性能が落ちないという長所があります。一時デジカメ用として多用されましたが、現在では、アルカリ乾電池が改良されたため、ほとんど使われなくなりました。

●リチウム電池

正極に硫化鉄、負極にリチウム、非水系有機電解液を使った電池です。二次電池であるリチウムイオン電池とは別物です。高性能ですが価格は高くなります。

●ボタン型電池とコイン型電池

電極、電解液材料から分類すると、アルカリ電池、リチウム電池、酸化銀電池、空気亜鉛電池などがあります。円筒型乾電池を乾電池と呼ぶのと区別するため、直径が小さく厚めのものを「ボタン型電池」、直径が大きく薄いものは「コイン型電池」と呼びます（P.137 参照）。ボタン型電池は乾電池と異なりさまざまな規格があります。小型で通常の乾電池より電気容量は少なく、腕時計や各種機器のメモリのデータ保持、LED ライトなどに使用されています（表 5.6b）。

表 5.6b　ボタン型電池の種類と用途

	特徴	主な用途
アルカリ電池	安価	携帯ゲーム機など幅広く使われています
リチウム電池	自己放電が少ない	カメラなど
酸化銀電池	安定した電圧を維持できる	クォーツ時計など
空気亜鉛電池	長く使える	補聴器など

表 5.6c　ボタン型電池の規格の読み方

例　CR 2025
　　　↓↓　↓
　　　AB　C

A は電池の化学材料を示し、「C」は二酸化マンガンカリウム電池を意味します。
B は電池の外形を示し、「R」は円形電池を意味します。
C は電池の寸法を示し、4 桁のときは、最初の 2 桁が直径、次の 2 桁は高さを示します。2 桁の際は右表を参照。

記号	直径	厚み
41	7.9	3.6
43	11.6	4.2
44	11.6	5.4
48	7.9	5.4
54	11.6	3.05
55	11.6	2.05
70	5.8	3.6

5-7 さまざまな二次電池

●二次電池とは？

充電式電池、充電池あるいは蓄電池ともいいます。充電をすることにより繰り返し使うことができる電池のことです。なおバッテリーとは電池全般を指し示す場合もありますし、充電式電池のことを指す場合や、自動車用蓄電池を指す場合もあります。ノートパソコンなどのバッテリーパックは、2～9個の「セル」と呼ばれる二次電池が入っています（図5.7a, b）。

●メモリ効果

電池が残っている状態で充電を繰り返すと電気容量が次第に少なくなってしまう現象のことです。完全放電すると元に戻るので、ニカド電池やニッケル水素電池では完全放電後に充電するか、放電してから充電（リフレッシュ充電）することが推奨されています。しかし最近のニッケル水素電池はかなり改善されています。リチウムイオン電池や鉛蓄電池にはメモリー効果はありません（図5.7c）。

図5.7a 二次電池
●二次電池の種類と用途
出典 富士経済グループHP/FK通信
http://www.group.fuji-keizai.co.jp/mgz/mg0402/0402m2.html

●バッテリーパック
下図はセルが3個のコードレス電話用バッテリです。

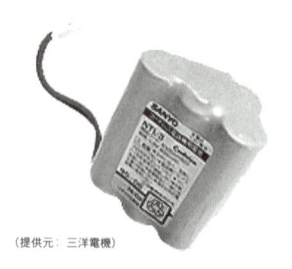

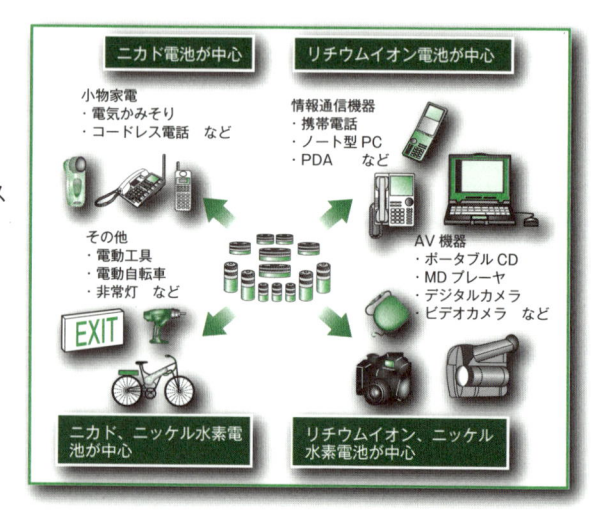

（提供元：三洋電機）

図 5.7b　二次電池の性能比較
出典　オートモーティブエナジーサプライ株式会社
http://www.eco-aesc.com/liion.html

図 5.7c　メモリー効果

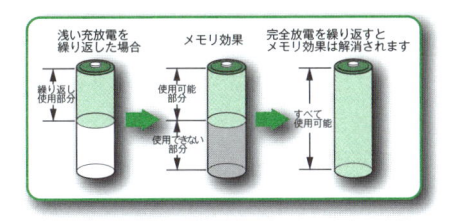

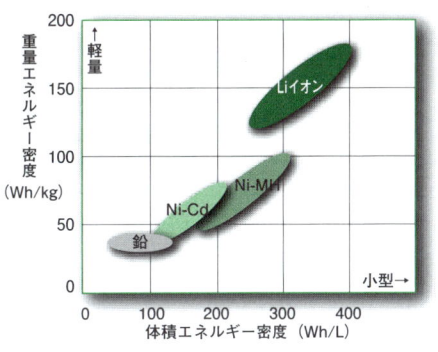

●ニッカド電池

　正極にオキシ水酸化ニッケル、負極にカドミウム、電解液にアルカリ溶液を用いています。使用時間中ほとんど電圧が劣化しないことから、コードレス電話、シェーバー、ラジコン、電動工具などに使われています。自然放電してしまうので長時間使わない時には使用前に充電が必要です。

●ニッケル水素電池

　ニカド電池の負極を水素吸蔵合金にしたものです。ニッカド電池よりも容量が大きく、持続時間も 1.5 ～ 2 倍長くなっています。デジカメ、ノートパソコン、携帯電話などさまざまな機器に使われています。

●リチウムイオン電池

　正極にリチウム金属酸化物、負極に炭素などを用いています。電解液中のリチウムイオンによって電気が伝導します。ニッケル水素電池よりも高いエネルギー密度を持ち、持続時間も長く、メモリー効果もありません。軽量で自己放電も少なく、繰り返し使用にも強く、携帯電話や、ノート型パソコンによく使われています。欠点としては、劣化がはやいことと、利用方法によっては発火・爆発の危険性があり、安全機構を施した電池パックとして市販されています。

●リチウムポリマー電池

　電解質が液体ではなく高分子のゲル状になっています。そのために小型化、薄型化が可能で、安全性に優れています。今後幅広い応用が期待されています。

●鉛蓄電器

　正極に二酸化鉛、負極に鉛、電解液に希硫酸を用いています。短時間に大電流を放電させることができ、メモリー効果もありません。しかし大型で重いという欠点があります。車用に使われます．

5-8 燃料電池とは何か

●燃料電池のしくみ

　燃料電池は、「水の電気分解」と逆の原理で発電します。水素と酸素を電気化学反応させて電気を作ります。酸素は、空気中にあるものを利用します。水素を取り出すためのいろいろな方法が考えられています。また水素を安全に貯蔵することも大きな課題です。

　発電効率が高く。騒音も発生しません。大きなシステムから小さなシステムまで利用することができます。発電所、自動車、鉄道、産業用・家庭用コジェネレーション、ノートパソコン、携帯電話まで幅広い分野での応用が期待されています。

図5.8a　燃料電池のしくみ

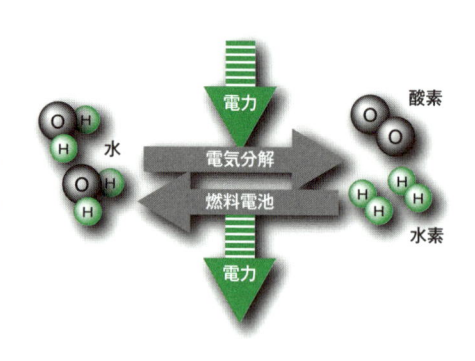

●水素製造用燃料

　水素は天然資源として存在しないために、次のような他の燃料から作り出す必要があります。
- 都市ガス： 都市ガスを改質して水素を取り出します。しかしその際に二酸化炭素を排出してしまう問題があります。
- メタノール： 装置が簡単で小型にできるという特徴があります。
- ガソリン： 改質器を用いて水素を取り出します。二酸化炭素排出の問題があります。また改質装置が大きくなる問題もあります。

●都市ガス燃料電池コージェネ

　家庭に送られてくる都市ガスを燃焼し発電します。このときに排出される熱も

図 5.8b　都市ガスを用いた燃料電池コージェネ

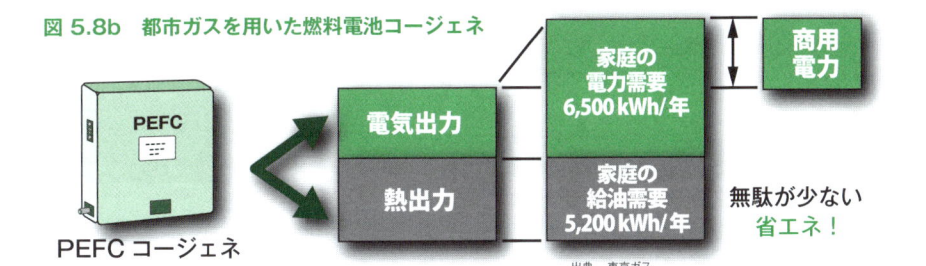

風呂やシャワーなどの給湯に利用します。電気も熱も最大有効に利用されたときの総合効率は 70 ～ 80％となります。最大の課題は価格です。電極の触媒材料である白金が大きな価格比率を占めています。

●燃料電池自動車

燃料電池で発電した電気でモーターをまわして走る自動車です。水素を作り出す方法として、メタノールを使う方法、液化石油ガス（LPG）を使う方法などが考えられています。水素あるいは燃料を供給するためのステーションを全国に設置していく必要があります。

図 5.8c　燃料電池自動車

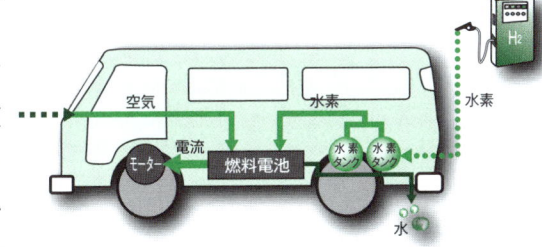

経済産業省が実施している「水素・燃料電池実証プロジェクト」のもとで多くの企業が参加して研究を進めています。水素の貯蔵の問題、触媒に白金を用いているために価格が非常に高いことなど多くの課題を抱えています。

●燃料電池パソコン

燃料にメタノールを用いています。カートリッジ方式で燃料を補給します。大容量となり、一回のカートリッジ交換で5～10時間位使うことができます。一方でサイズが大きい、価格が高いなどの問題があり、本格的な量産には至っていません。

図 5.8d　パソコン用カートリッジ

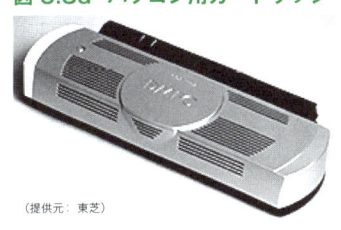

（提供元：東芝）

5-8　燃料電池とは何か

5-9 電池の使い方

●誤った使い方をすると…

発熱、液漏れ、破裂します。電解液が直接目に入ったり、皮膚に触れると非常に危険です。失明したりやけどをすることがあります。また機器が故障してしまうこともあります。衣服などに付着すると変質してしまいます。特に次のようなことはやってはいけません。

- ショートをさせない。
  電池のプラスとマイナスを金属で直接つなぐことをショートといいます。ショートをすると大きな電流が流れ電池を消耗させます。保管や持運ぶときに、他の金属や容器に触れて不注意でショートさせてしまうこともあります。開封した電池は（＋）極と（－）極が接触しないよう、テープなどで絶縁して保管しましょう。
- 火の中に入れてはいけません。
  電池の端子に直接半田付けしてはいけません。
- プラスとマイナスは間違えないように入れましょう。機器を壊すこともあります。また電池同士で向きが異なっていると、充電されてしまい、液漏れ、破裂の原因となることがあります。
- 乾電池を充電してはいけません。
- 新旧の電池、いろいろなメーカーの電池、種類の異なる電池などを一緒に使ってはいけません。

●電池の保管

電池は化学反応で動作しますので温度に非常に敏感です。高温高湿での保管は避けましょう。温度が高くなるほど、自己放電量が多くなります。常温では1年間に平均3～5%放電します。

一般的には－20℃以下になると電解質が凍ってしまい電池として機能しなく

図 5.9a　電池の正しい使い方…こんなことはしてはいけません

乾電池の充電　逆向き挿入　混ぜて使う　ショート　火の中　高温

なります。ボタン電池は室温では長い持続時間を維持できますが、気温０度ではまったく役に立たなくなることもあります。しかし冷蔵庫で保存する必要もありません。冷蔵庫で保管すると取出した時、電池に結露し付着した水分で自己放電が多くなったりすることがあります。

●電池の互換性

　マンガン乾電池、アルカリ乾電池、ニッケル水素乾電池は大きさと形が同じものであれば幅広い機器でそのまま交換して使うことが可能です。ただし同時に使う場合には、同じメーカー製で同じ種類のものを使いましょう。

　同じ形状であれば、他にもアルカリボタン電池が使える機器には酸化銀電池が、リチウム電池が使える機器には酸化銀電池がそれぞれ使えます。リチウム電池は3V、酸化銀電池は 1.55V ですので、２個の酸化銀電池を重ねることになります。ただし機器によっては使えない場合もありますので取扱説明書をよく読んで確認してください。

●電池の使用推奨期限

　電池には使用推奨期限が表示されています。これはその期限内に電池を使用すれば正常に動作することを生産者が保証している期限です。

　この期限を過ぎると電池が使えなくなるという期限ではありません。でも購入する時には一応チェックしましょう。02-2012 あるいは 02-12 と記載されていれば、2012年２月のことです。

図 5.9b　使用推奨期限の表示

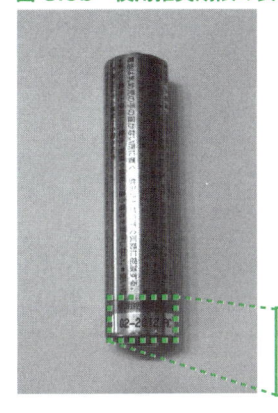

第6章

電気で暖める・冷やす

　さまざまな電気ストーブがありますが、どこが違うのでしょうか。IHヒータや電子レンジはどのようなしくみで暖めるのでしょうか。エアコンはどんな原理で部屋を冷やしたり暖めるのでしょうか。冷蔵庫のしくみは？　エコキュートってどうして省エネなのでしょうか。

6-1 電気・ガス・灯油の比較と温めるしくみ

●エネルギーのコストと効率

　電気、都市ガス、灯油について得られるエネルギーあたりの値段を比較してみましょう（2009年1月の時点）。エネルギーの単位は、本来は「ジュール」（J）ですが、電気エネルギーと比較しますので単位にはkWhを使うこととします。換算して作成したのが表6.1です。1kWhは3.6MJです。

　電気は東京電力の料金表から調べました。一般の家庭で最も契約が多いのは「従量電灯B」という契約になります。電気料金は、使えば使うほど単価は高くなります。3段階に分かれているので、最高と最低の平均値をとると、1kWh当たり21円になります。

　都市ガスの値段は東京ガスの東京地区の一般料金値段から調べました。都市ガスは、使えば使うほど割安になる料金体系になっています。電気料金のときと同じくもっとも高い段階と最も低い段階の平均をとると、1m³あたり178円です。1m³の都市ガスを燃やすと41MJのエネルギーが得られますが、これは11kWhに相当します。

　灯油の値段は、全国平均で18L当たり1,378円ですから、1L当たり77円になります。1Lの灯油を燃やすと35MJのエネルギーが得られますが、これは9.6kWhに相当します。

　以上から、灯油のエネルギーがもっとも安く、電気のエネルギーが最も高いということがわかりました。ですから、できることなら灯油のエネルギーばかりを使いたいところですが、そうはいきません。

表6.1a　電気・都市ガス・灯油の同量エネルギー（1kWh）あたりの価格

種別	単位量	kwh	MJ	円	円/kwh
電気	kwh	1	3.6	21	21
都市ガス	1m³	11	41	178	16
灯油	1L	9.6	35	77	8

表 6.1b　電気で温める場合の加熱の原理

原理	電気製品
抵抗加熱	電気ストーブ、トースター、アイロン、電気ポット、こたつなど
誘導加熱	電磁調理器、IH 炊飯器
電磁波加熱	電子レンジ

次に問題になるのは得られたエネルギーをどのように有効に活用できるかということです。灯油から得られるのは暖房用、給湯用などに限られます。電気のエネルギーには、電子レンジ、こたつ、アイロンなどさまざまな用途で利用することができ、汎用性が高いという特徴があります。ガスはこの中間に位置します。

●電気で温める方法

電気で温めるには次の3種類の方法があります（表 6.1b）。

●抵抗加熱

抵抗体に電流を流すと熱が発生します。この用途の抵抗体を「ヒーター」といいます。熱を得るための電気機器はほとんどがこの方式です。電気ストーブ、トースター、アイロン、電気ポット、一般の電気炊飯器、こたつなどがあげられます。

●誘導加熱

電磁誘導のしくみを使って温めます。電磁調理器、IH 炊飯器が該当します。

●電磁波加熱

電磁波を照射することによって過熱します。電子レンジがあげられます。

●温度コントロールのための機器

ヒーターを用いる際には、温度センサーと共に用います。センサーからの情報をもとに温度を上げたり下げたりします。温度センサーにはサーミスターなどの抵抗温度センサー、熱電対、放射温度計などがあります（表 6.1c）。

表 6.1c　温度センサーの種類としくみ

抵抗温度センサー	温度が変化すると抵抗が変化する現象を利用
熱電対	異なる金属を接合し両端の温度を変えると起電力が生じるという現象を応用
放射温度計	物体から放射される赤外線や可視光線を測定して温度を測定

6-2 ストーブの種類と使い方

●熱が伝わる原理

　熱は「対流」「伝導」または「輻射」によって伝わります。対流は空気がかき混ぜられて熱が伝わるしくみ、伝導は温かいものに直接触れたときに熱が伝わるしくみ、輻射は、熱をもった物質から出てくる赤外線によって熱が伝わるしくみです。

　暖房器はこれらの熱の伝わるしくみを1つ以上使って熱を伝えます。電気ストーブは輻射と対流で温めます。人に直接、輻射熱を与えます。そして時間が経つにつれて、対流によってまわりや部屋全体が温まります。エアコンや温風暖房器はファンから熱を送り出し、対流によって部屋全体を温めます。

　熱を伝導で伝える代表は電気カーペットです。熱が伝わるのが伝導であるため、カーペットから少し離れただけで熱を感じなくなります。床暖房は輻射によって熱を伝えます。カーペットと違って少し足が離れてもぬくもりを感じます。輻射で伝わる電気ストーブは、電源をいれるとすぐにあたたかみを感じます。しかし対流で熱を伝えるエアコンは、ぬくもりを感じるまでに少し時間がかかります。

　遠赤外線は、赤外線の中でも波長が長い領域の赤外線です。眼には見えませんが、身体に浸透しやすく中まで温めてくれます。熱と遠赤外線を組み合わせた暖房器も数多く販売されています。

図 6.2a　熱が伝わるしくみ

エアコンからの熱は対流によって部屋全体が温まる

電気ストーブの熱が直接体に当たり温かく感じる

コップや空気を伝わって熱が放出しコーヒーが冷める

暖かい空気／冷たい空気／対流

赤外線／ストーブ／輻射

伝導

● **電気ストーブ**

巻いたニクロム線が石英ガラス管内に収められたヒーターを使います。

● **ハロゲンストーブ**

ハロゲンランプから照射される光によって暖めるストーブ。遠赤外線効果により、普通のストーブよりも温かく感じられます。

● **カーボンヒーター**

不活性ガス中に炭素繊維を封入した石英管が用いられます。ニクロム線発熱体やハロゲンヒーターと比べて赤外線放射効率が高く、ハロゲンヒーターの約2倍放射されます。体の芯までよく暖まるので、暖まった体は冷えにくいということが実感できます。

● **セラミックヒーター**

タングステンなどの抵抗体をセラミックで固めた構造になっています。中赤外線・遠赤外線を放つヒーターです。

● 灯油との比較

6-1節で述べたように、単位エネルギーあたりの価格は、灯油価格が下落したために、灯油は電気に比べて半値以下になりました。また電気ストーブと石油ストーブの暖房出力を比べてみますと、電気ストーブは1kW前後であるのに対して、石油ストーブは数kWであり、圧倒的に石油ストーブに軍配が上がります。

このことから電気は直接すぐに温まる用途に向き、部屋全体を暖めるにはあまり適していないといえます。また直接温まるのであれば、遠赤外線を多く出す暖房機がお勧めです。部屋全体を暖めるというのであれば石油ストーブと同様にエアコンも効率が良好です。エアコンと石油ストーブの比較については、エアコンのところで述べます。

図 6.2b　いろいろな電気ヒーター

● 電気ストーブ　　● ハロゲンストーブ　　● カーボンヒーター　　● セラミックヒーター

(提供元：三洋電機)　(提供元：日立製作所)　　　　　　　　(提供元：三洋電機)

6-3 IHヒーターのしくみと効率

●IHクッキングヒーターの原理

　IHは誘導加熱を意味するInduction Heatingを略したものです。磁力発生コイルに数10kHzの交流電流を流します。発生した磁力線は磁気抵抗の少ない鉄製の鍋の中を通ります。変動する磁場の周りには、磁場の方向を中心軸とする同心円状の誘導電場が作られ、渦状の電流が流れ、電気抵抗によって発熱します。鍋そのものが発熱するために効率よく熱を取り出すことができます。トッププレートは硬質ガラスでできており傷がつきにくくなっています（図6.3a）。

●IHヒーターに使える鍋と使えない鍋

　IHクッキングヒーターには、使える鍋と使えない鍋があります。

- 使える鍋
  鉄、鉄ホーロー、鉄鋳物、ステンレス材などの磁石を引き付ける材質で、底が平らな鍋
- 使えない鍋
  耐熱ガラス、アルミ、陶磁器などの磁石を引きつけない材質、電気抵抗の小さい材質の鍋は使えません。また鍋底が丸いもの、直径が12cm未満のもの、底に3mm以上の反りや脚が付いている鍋も使うことはできません。

●オールメタル対応

　最近、銅やアルミなど磁石に付かない鍋も使用できる「オールメタルタイプ」

図6.3a IHヒーター
●IHヒーターのしくみ　　●使える鍋　　●使えない鍋

- 鉄系の鍋
- うず電波
- トッププレート
- 磁力線
- 磁力発生コイル

底が平らトッププレートに密着
直径12cm〜26cm

底の丸い鍋　鍋底直径12cm未満
反りあがる鍋　脚のある鍋　約3cm

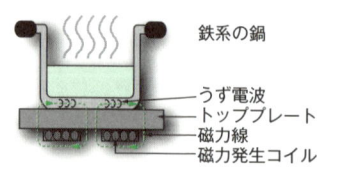

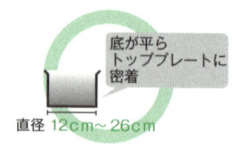

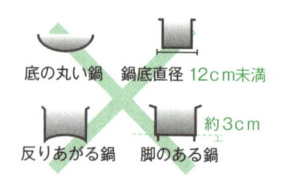

と呼ばれるものも登場してきました。コイルの巻数を多くし、インバーター回路の周波数を上げることによって誘導電場を強くしています。しかしながら鍋によっては30％位効率が落ちるといわれています。

● **IH クッキングヒーターの種類**

キッチンに組み込んで使うビルトインタイプと、ガステーブルに置き換えて使える据え置きタイプがあります（図 6.3b）。

● IH クッキングヒータのメリットとデメリット

ガスは燃焼したエネルギーのうち約50％が利用されます。それに対してIHクッキングヒーターは、鍋を直接温めるために効率がよく、約90％が取り込まれます。6-1節で計算したエネルギー単価は、電気は21円/kWh、ガスは16円/kWhでしたが、これらから実際に得られる「熱エネルギーの単価」を計算するとIHクッキングヒーターのほうが安上がりになります。

```
電気：   21 円/kWh   ⇒   21 円/kWh ÷ 90％ = 23.3 円/kWh
ガス：   16 円/kWh   ⇒   16 円/kWh ÷ 50％ = 32 円/kWh
```

この他に、電気の場合は温度を容易にコントロールできる、火が出ないので安全性が高い、掃除が簡単というメリットがあります。デメリットは、高価であることや鍋などの調理器具が限られるということです。

IHを利用した他の家電品にはIH炊飯器があります。さらに1.3～1.7気圧の圧力をかけることによって炊飯時間を半減した圧力IH炊飯器もあります（図6.3c）。

図 6.3b　I Hクッキングヒーターの種類
●ビルトインタイプ

●据え置きタイプ

（提供元：パナソニック）

図 6.3c　3種類の炊飯器のしくみ

●マイコン式：下から温める

●IH式：まわりから温める

●圧力IH式：
圧力を加えながらまわりから温める

6-4 電子レンジのしくみ

●電子レンジの原理

電子レンジは、電磁波の作用で食品を温めます。電子レンジの中には「マグネトロン」という特殊な真空管があり、これが電磁波を放出します。電磁波の周波数は、日本ではマイクロ波に属する「2.45ギガヘルツ」と決められています。電磁波が食品に照射されると、食品に含まれる水の分子などが1秒間に24億5000万回振動して摩擦熱が発生し食品を温めます。電磁波は水分を含まない陶器やガラスなどの物質は透過します。したがって容器は温めることがなく食品だけを温めるので非常に効率的です。

●マグネトロン

マグネトロンの構造を、図6.4aに示します。陰極から放出された電子は一瞬のうちに陽極に到達してしまいますが、垂直方向に磁場をかけることによって電子は水平面内で運動を行います。電子の回転運動によって誘導電場(マイクロ波)が発生し、アンテナから放出させるというしくみです。

●加熱ムラ対策

マグネトロンが発する2.45ギガヘルツの電磁波の波長は約12cmであり、これが電子レンジの内部で反射波と干渉し合って定在波を作り、電磁波の振動の

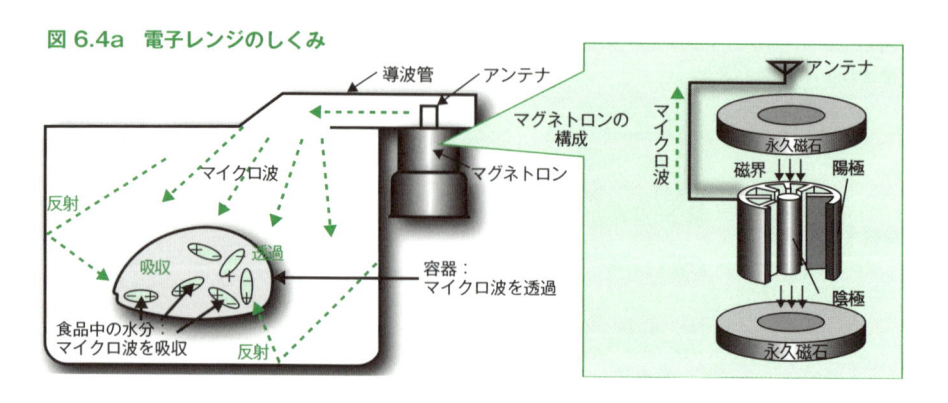

図6.4a 電子レンジのしくみ

偏りが生じます。一方電磁波は、食材の中心にまでかならずしも到達するわけではないので、定在波と浸透の深さがあいまって「加熱むら」を生じます。

多くの製品ではターンテーブルによって食品を回転させて解消しています。マグネトロンからのアンテナを回転したり。ファンを用いることによって、ターンテーブルをなくした製品も見られます。

●オーブンレンジ

熱風やヒーターで、食品を外側からまんべんなく加熱します。食品からでる水蒸気で蒸し焼きにします。熱風で循環する方式と上下にヒーターを設ける方式があります。

●グリル加熱

食品に直接ヒータを当て、すばやく焼き上げます。焦げ目をつくります。

●加熱水蒸気オーブンレンジ

加熱水蒸気で食品を一気に焼き上げる製品もあります。食材中の脂が溶け落ちて塩分も落とします。

図 6.4b　高機能電子レンジ
●オーブン加熱 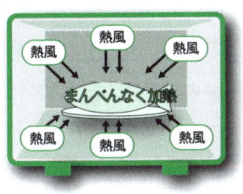
●グリル加熱 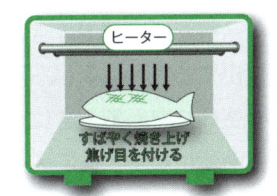
●加熱水蒸気

●使える食器と使えない食器

陶器、磁器、耐熱ガラスは使えます。プラスチックは電子レンジ対応のものが使えます。金属や使用条件が 140 度以下と記載されているプラスチックは使えません。食品については、卵、銀杏、クリなど殻でおおわれているものには使うことができません（表6.4）。

表 6.4　電子レンジと食器
●使える食器と使えない食器

使える食器	使えない食器
陶器	金属
磁気	金や銀の柄のある陶磁器
耐熱ガラス	漆器
耐熱温度 140 度以上のプラスチック	耐熱温度 140 度以下のプラスチック

6-5 エアコンのしくみと進化

●エアコンのしくみ

　エアコンは、夏には部屋を冷やし、冬には部屋を温めます。部屋を涼しくするには、部屋の中の熱を屋外に逃がします。エアコンは室内機と室外機から成っていて、室内機と室外機の間は「フロンガス」の冷媒が循環します。冷媒は室内の熱をもらって温まり、これが室外機に運ばれて熱を放出し、冷えた冷媒は室内機に戻り、再び室内の熱を奪います。これらを何度も繰り返して部屋の熱を外に放出して温度を下げます（図6.5a）。

●気化熱と潜熱

　冷媒が室内機でできるだけ多くの熱をもらい、室外機でできるだけ多くの熱を放出するために、「気化熱」と「凝固熱」という性質を使います。物質は液体から気体に変わるときに多くの熱を奪いますが、これを気化熱といい、逆に気体から液体になるときに多くの熱を放出しますが、これを凝固熱といいます（図6.5b）。

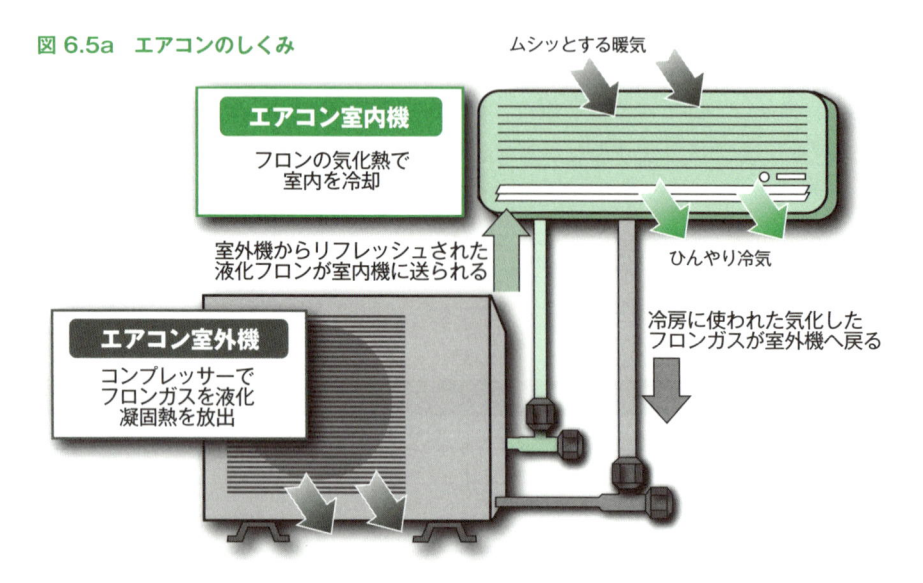

図 6.5a　エアコンのしくみ

エアコン室内機
フロンの気化熱で室内を冷却

室外機からリフレッシュされた液化フロンが室内機に送られる

エアコン室外機
コンプレッサーでフロンガスを液化 凝固熱を放出

ムシッとする暖気

ひんやり冷気

冷房に使われた気化したフロンガスが室外機へ戻る

冷媒は液体として室内機に送り込まれます。ここで気化して気化熱を奪い気体になります。あたたかくなった気体の冷媒は室外機に送り込まれます。ここでコンプレッサーによって圧縮されて液体になります。このとき多くの凝固熱を放出します。冷えて液体になった冷媒は再び室外機に戻ります。暖房のときはこの向きが逆になりますが原理は同じです。

図 6.5b　気化熱と凝固熱

●室内機のしくみ

室内機の中で、冷媒は室内の暖かい空気を冷やします。冷却フィンで室内の暖かい空気と冷媒が熱交換をします。冷却フィンの中には、冷媒が流れる管がジグザグに配管されています。フィンは、効率よく熱交換ができるように、できるだけ表面積が広くなるような形をしています。ファンが、室内の暖かい空気を吸い込み、冷えた空気を室内に戻します（図 6.5c）。

空気は冷えると、含まれている水蒸気は水になります。この水を排水するために「ドレンパン」と「ドレン」（排水管）が設けられています。

●室外機のしくみ

室外機にはコンプレッサーが設けられています。これは、冷媒を冷やすための重要な役割を果たしており、エアコンの心臓部です。エアコンの消費電力のほとんどはここで消費されます。

冷媒はコンプレッサーにより圧縮され高温・高圧となった後、コンデンサで熱を放出し、液体になります。液体となった冷媒は、膨張弁の微細な穴から噴射さ

図 6.5c　室内機のしくみ

●冷却フィン

●室内機のしくみ

6　電気で暖める・冷やす

6-5　エアコンのしくみと進化

図 6.5d　室外機のしくみとコンプレッサー

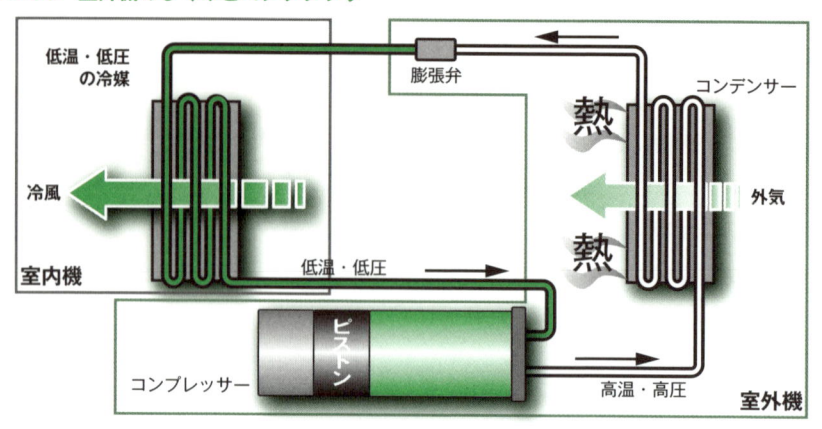

れて低温・低圧の液体となります。
　コンプレッサーはモーターにより駆動しますが、誘導モータからブラシレス直流モーターに移行しつつあります。

●エアコンの消費電力

　家庭内でもっとも電力を消費する電気機器です。全体の1/4を消費しています。しかし省エネ技術の改良は目覚ましいものがあり、2008年度の製品を1997年の製品と比べると33%も改善されています（図6.5e）。

●省電力を実現した技術
- インバータ制御
　　　運転開始時にはコンプレッサーを高速で運転することで急速冷・暖房

図 6.5e　エアコンの消費電力と電気代
●消費電力量の年間推移
●年間電気代の比較

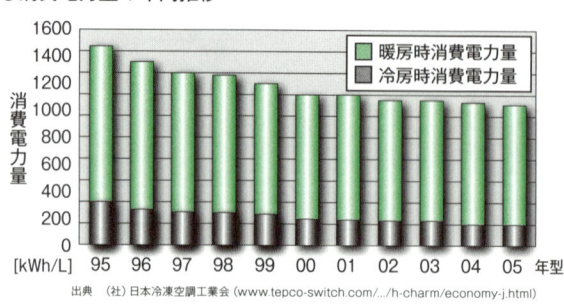

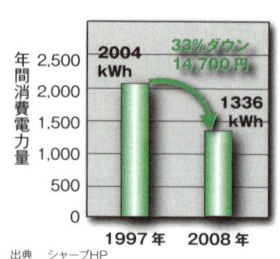

ができ、設定温度に近付くと、なめらかに低速運転に変わります。そのために無駄に温めたり、冷やしたりすることがありません。
- 駆動用モータ　　　直流式モータへの変更および改善
- 熱交換器　　　　　アルミフィン形状の最適化、表面積の拡大で効率向上
- 送風通路・ファンの改良による風量アップ
- きめ細かな室温制御
  高精度のさまざまなセンサーを配置して、温度・湿度以外に、輻射・気流なども考慮したトータルの快適性を追求しています。

● COPで省エネ評価

COPとは、エアコンの省エネの程度を表す数値で、成績係数とも呼ばれます。消費電力1kWあたり、どれだけの冷房あるいは暖房能力を持っているかを表しています。エアコンのパンフレットに記載することが義務付けられています（図6.5f）。

COP＝冷暖房能力(kW)÷消費電力(kW)

たとえば、COPが3.0のエアコンは、消費する電力の3倍の冷房および暖房を作り出せることを示しています。

6-1節で単位エネルギー（1kWh）あたりの値段を計算しましたが、この表にCOPが5.0のエアコンの値を載せると、表6.5のようになり、灯油やガスのエネルギー単価を抜いて最も安くなります。

図6.5f　COPの年度推移

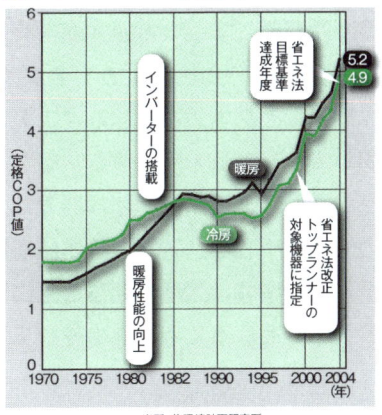

出所：住環境計画研究所、
出典：環境省「省エネルギー家電ファクトシート」

表6.5　COP換算エネルギー単価比較

種別	円/kWh
電気	21
灯油	8
都市ガス	16
電気（エアコンCOP=5.0）	4

●フロンガスとエアコンの冷媒

「特定フロン」と「代替フロン」の2種類があります。特定フロンはオゾン層を破壊し、温室効果も二酸化炭素の数千倍であり、日本では1996年に製造が規制され、代わりにエアコンでは、オゾン層を破壊しない代替フロンが使われるようになりました。オゾン層は破壊しないものの、温室効果については特定フロンと同じくらいあります。いずれも、適正に処分することが義務付けられています。

6-6 冷蔵庫のしくみと進化

●冷蔵庫の種類としくみ

　もっとも普及している冷凍冷蔵庫、冷凍機能だけの冷凍庫、その他にも小型冷蔵庫、温冷蔵庫などがあります、小型冷蔵庫は、1ドアで、ホテルや病院の個室、寝室や居間などで使われます。冷凍機能はありません。温冷蔵庫は温める機能を持つ冷蔵庫です。2電源式が多く家庭内でも車の中でも使うことができます。

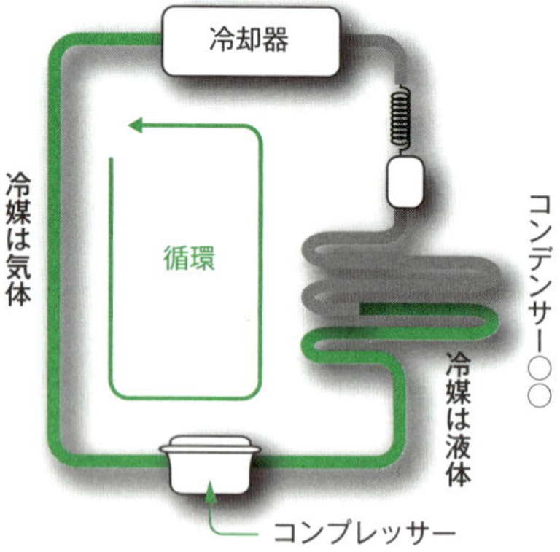

　冷蔵庫の基本的なしくみはエアコンと同じであり、熱を受け渡しするために冷媒が循環しています。冷却器では、液体の冷媒は小さなノズルから気圧が低い容器に放出され、気体になるときに周囲から気化熱を奪って容器を冷やします。気体になった冷媒はコンプレッサーに送り込まれて圧縮されて、高温高圧の液体となり、コンデンサー部で放熱します。これを繰り返して庫内を冷やします。

図 6.6a　冷蔵庫の冷却のしくみ

●冷却方式

- 直冷式：冷凍室、冷蔵庫それぞれに冷却機があり、直接冷却します。

図 6.6b　冷蔵庫の種類

●冷凍冷蔵庫　　●冷凍庫　　●小型冷蔵庫 　　●温冷蔵庫

（提供元：東芝、除温冷蔵庫）

- 間接式：冷却機は1つだけで、冷気を送風機で冷凍室・冷蔵室に送ります。

図 6.6c　冷却方式

●冷蔵庫の温度

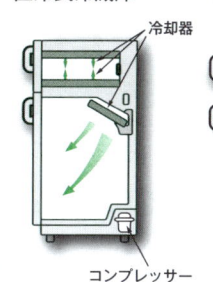

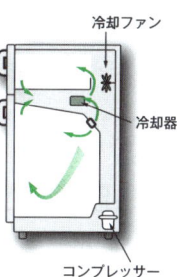

冷蔵庫の温度は設定によって変えられるようになっています。標準的な設定では、冷凍庫が－20度、冷蔵室では場所によって異なりますが、野菜室で5度、一般的な冷蔵室は3度、チルド室は0度になっています。

●冷蔵庫の冷媒

以前はフロンが使われていましたが、生産が禁止され代替フロンが使われました。しかし代替フロンも温室効果ガスを排出するため、現在ではイソブタンが主に使われています。

●ペルチェ式冷蔵庫

ペルチェ素子を使った冷蔵庫です。モーターがないので静かであり、病院や寝室などで使われます。ペルチェ素子というのは、N型とP型の半導体を接合したもので、電流を流すと電流と同時に熱も移動するという現象を利用した素子です（図6.6d）。

図 6.6d　ペルチェ式冷蔵庫のしくみ

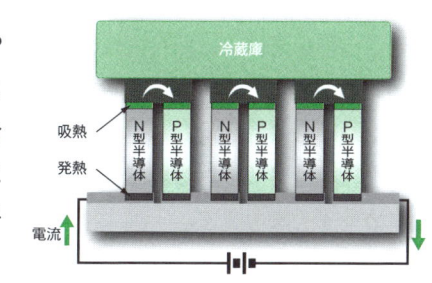

●冷蔵庫の消費電力

図 6.6e　冷蔵庫の1L当たりの消費電力の年度推移

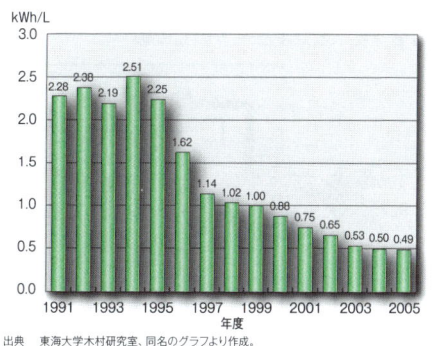

冷蔵庫は家庭で消費する電力のうち約16%を占め、エアコンに次いで2番目です。容量1L当たりの年間消費電力量の推移を図6.6eに示します。

断熱材の改良、インバータ制御モータの採用・改善、ファンモータの効率化などによって、大きな進歩を遂げました。

6-6　冷蔵庫のしくみと進化

6-7 エコキュートとは何か

●給湯用に全体の30%のエネルギーを使用

エコキュートというのは給湯をできるだけ少ないエネルギーで供給するためのシステムです。日本エネルギー経済研究所が発表した、家庭内での用途別のエネルギー使用量のデータによると、全エネルギーの内、34%が照明、冷蔵庫、テレビなどの動力用に使われています。次いで多いのが給湯用です。

●エコキュートのしくみ

基本的な原理は、これもエアコンや冷蔵庫と同じです。冷媒はフロンではなく、自然への影響がほとんどない二酸化炭素が用いられています。空気側熱交換器で大気から熱を吸い上げた冷媒は、コンプレッサーで圧縮され高温高圧になり、水加熱側熱交換器で熱を水に渡します。

水は温められて貯湯ユニットに蓄えられます。高圧の冷媒は膨張弁に送られ、微細な穴を通じて噴射されて低温になります。低温の冷媒は熱交換器で大気の熱を集めやすくなります。

このようなしくみで、入力するエネルギーの3倍の熱を生み出すことができます。すなわちCOPが3ということです（P.159参照）。

図6.7a　エコキュートのしくみ

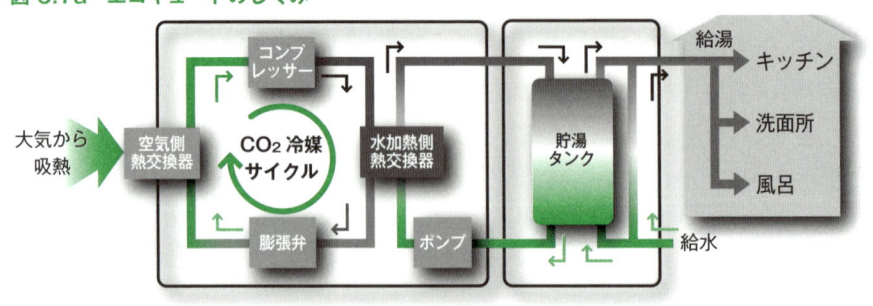

●エコキュートのタイプ

生み出された熱を給湯だけに利用する単機能タイプと、熱をさらに床暖房、浴室暖房、乾燥機などに使う多機能タイプがあります。いろいろな場所に設置できるようにさまざまなタイプが用意されています。

●エコキュートのメリット・デメリット

エコキュートは、従来の 1/3 の電力で給湯できますが、深夜電力を使うことによってさらに経済的になります。深夜電力にはさまざまなメニューがありますが、最も安いメニューでは、一般に使われる従量電灯Bに比べて 1/3 になります。合わせて、従来の費用の約 1/9 で給湯できるということです。

最大のデメリットは購入価格が高いということです。さらに工事費も必要になります。また、タンク設置のためのスペースを確保しなければなりません。

エコキュートの購入にあたっては、国も環境への影響を配慮し補助金制度が設けられています。一定の条件を満たす必要がありますが、平成 20 年度の場合の補助金は 42,000 円です。

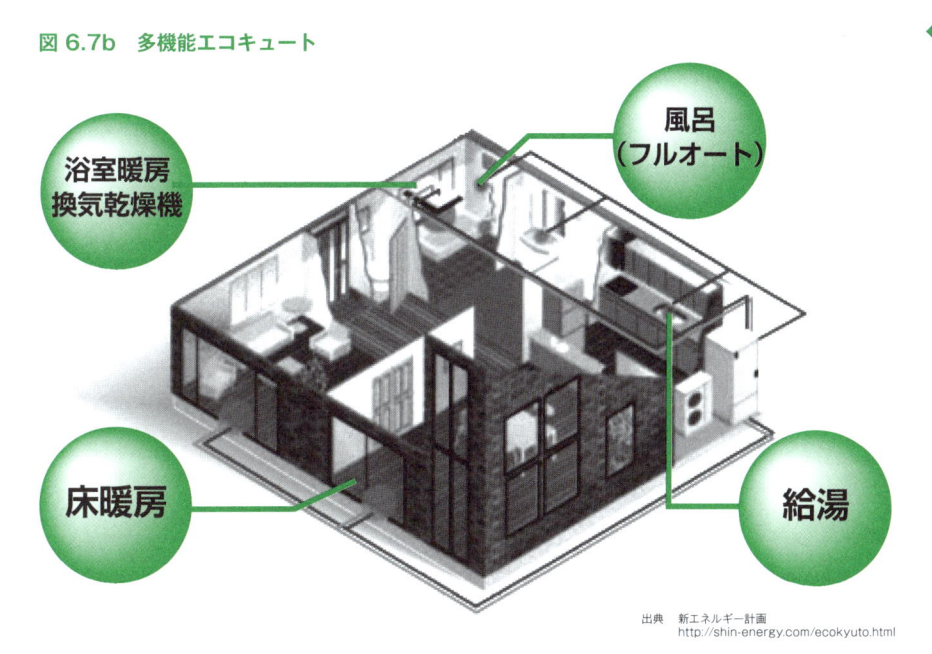

図 6.7b　多機能エコキュート

出典　新エネルギー計画
http://shin-energy.com/ecokyuto.html

第7章

電気で聴く・見る

　液晶テレビ、プラズマテレビ、DVD、ブルーレイディスクなどの AV 機器について説明します。これからのディスプレイとして EL ディスプレイや電界放出ディスプレイも開発中です。また折り曲げることのできるフレキシブルディスプレイの開発が進んでおり、さまざまな用途への応用が期待されます。デジカメについても解説します。

7-1 マイクロフォンのしくみ

●マイクの原理

音は空気の振動で伝わります。これを音波といいます。マイクは空気の振動を電気信号に変える働きをします。代表的な種類としてダイナミックマイクとコンデンサーマイクがあります。

●ダイナミックマイク

振動板（ダイアフラム）にコイルが付けられ、振動板とともに動きます。磁界の中でコイルが動いて誘導電流が発生することにより、音波を電気信号に変換しています。

●コンデンサーマイク

コンデンサー電極のうちの一方を薄い振動板で形成したものです。振動板と固定電極の間に外部から一定の電圧をかけておきます。振動板と固定電極間の距離

図 7.1a　ダイナミックマイクとコンデンサーマイクの比較

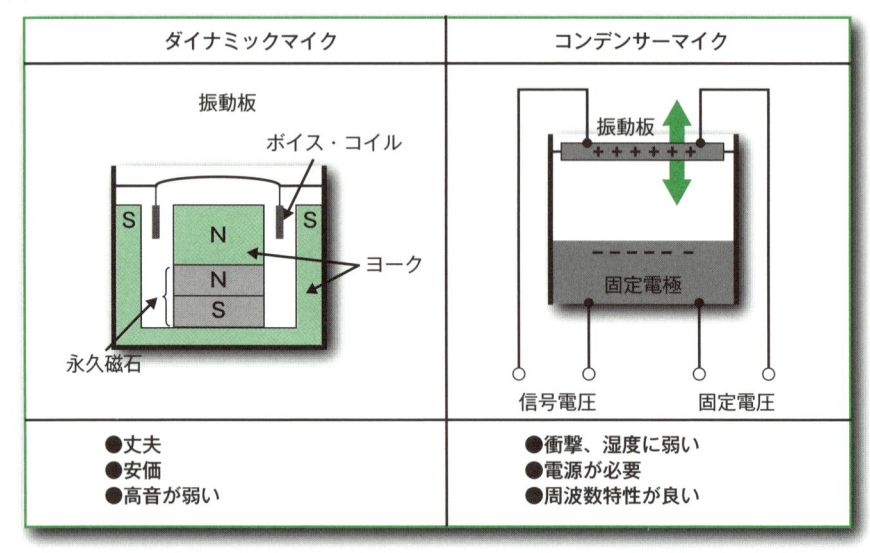

ダイナミックマイク	コンデンサーマイク
振動板／ボイス・コイル／ヨーク／永久磁石	振動板／固定電極／信号電圧／固定電圧
●丈夫 ●安価 ●高音が弱い	●衝撃、湿度に弱い ●電源が必要 ●周波数特性が良い

の変化による蓄電量の変化を取り出して、音を電気信号に変えます。振動板は非常に軽くなっているので、あらゆる周波数の音に対して敏感に反応します。

●マイクの主な特性値

●ダイナミックレンジ

マイクが感知できる小さい音から大きい音までの音量の広がりをダイナミックレンジといいます。最大音／最小音で表しますが、非常に大きな値となるので、その値の対数をとり、20倍して表します。単位は無次元の量でデシベル（dB）です。

$$dB = 20 \times \log(最大音／最小音)$$

ちなみに人間の耳が聞き分けられるダイナミックレンジは120dB程度、オーディオCDのダイナミックレンジは96dBです。

●周波数特性

マイクが感じ取れる周波数の範囲とその感度の変化を表した量です。人間の耳に聞こえる音は16Hz～20kHzといわれています。

●指向性

どの方向からの音をよくキャッチできるかを表しています。

図7.1b　ダイナミックレンジの読み方

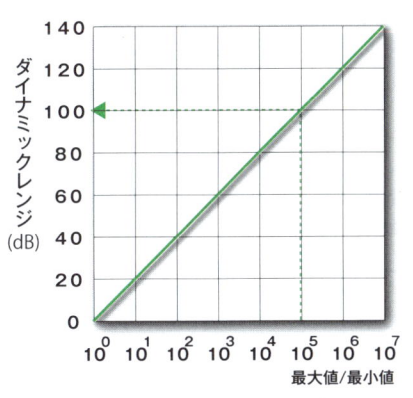

上図に示すように、最大値が最小値の10万倍であるとき、ダイナミックレンジは100である、といいます。

図7.1c　さまざまな指向性

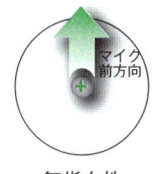

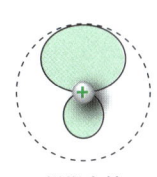

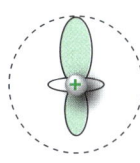

無指向性	双指向性	単一指向性	鋭指向性	超指向性
全方向に一様な感度	前後方向に感度	前方向に対してだけ感度	前方の一定範囲に感度	前方の非常に狭い範囲だけに感度

7-1　マイクロフォンのしくみ

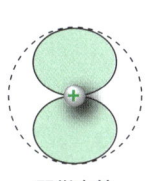

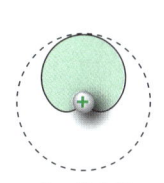

7-2 スピーカーのしくみ

●スピーカーのしくみ

　電気信号を音に変換します。マイクと逆の作用となります。そのため構造的にもマイクと非常によく似ています。もっとも代表的なダイナミックスピーカーについて説明します。

　磁気回路に接しないでかぶせるようにコイルを配置します。コイルには振動板が付着され一体となって動きます。コイルに電流を流すとフレミングの左手の法則に従って、左右方向に動き、付着した振動板から音波を放出します。振動板の形によってコーン型スピーカー、ドーム型スピーカー、さらに駆動部にホーンをつけて遠くまで伝わるようにしたホーン型スピーカーがあります。

図 7.2a　ダイナミックスピーカー
●ダイナミックスピーカーのしくみ

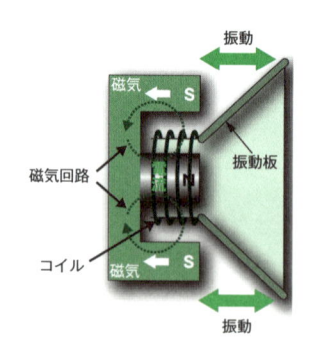

●ダイナミックスピーカーの種類

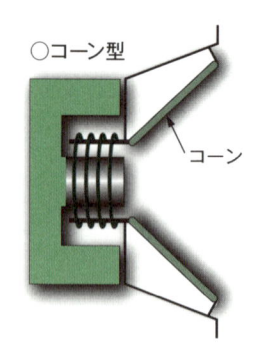

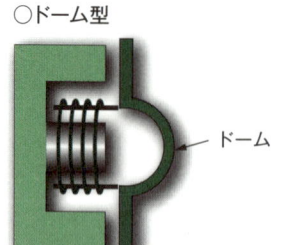

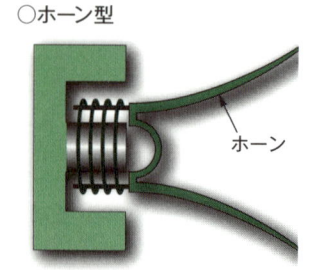

○コーン型　　○ドーム型　　○ホーン型

図 7.2b　キャビネットの形状
●密閉型　　　　　●バスレフ型

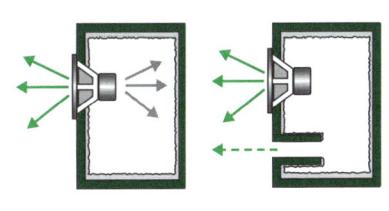

図 7.2c　複合型スピーカー
（提供元：ONKYO）

●キャビネットの形状
　スピーカー単独では、前後に放射される音の位相が逆のために互いに打ち消し合い、特に低音域の音が弱くなります。この対策のために次の2つの方法があります。
- 密閉型：後部からの音が前に出ないよう覆ってしまった構造を密閉型といいます。内面にはグラスウールやフェルトなどの吸音材を貼ります。
- バスレフ型：後方からの音の位相を反転させ、前面からの音と合成し、むしろ強めてしまおうという考え方です。

●複合型スピーカー
　単一のスピーカーで全周波数領域にわたって良好な特性を得るのは難しいため、2つ以上のスピーカーを組み合わせたものです。2ウェイスピーカー、3ウェイスピーカーなどといいます。低音から高音まで全帯域の音を再生できるフルレンジ、高音域用のツィータ、低音用のウーファーなどがあります。

5.1ch サラウンド

　ステレオは2つのスピーカーで音声を再生しますが、5.1ch サラウンドでは6つのスピーカーを用いて立体感のある音響環境を作ります。正面に3個、後方に2個、さらに低音出力用サブウーファー1個から構成されます。サブウーファーはどこに配置してもかまいません。
　映画館、DVD-video、デジタル放送などで利用されています。

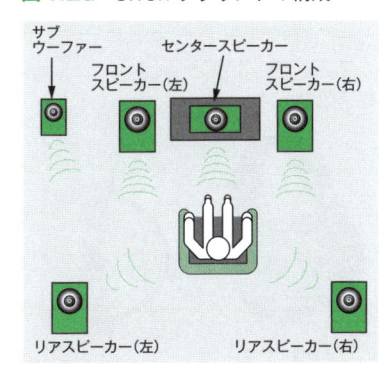

図 7.2d　5.1ch サラウンドの構成

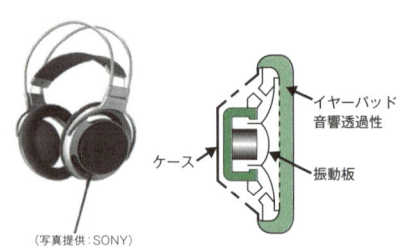

7-3 ヘッドホンのしくみ

●ヘッドホンとは？

耳に当てることにより、音を外耳道に直接伝えます。基本原理はスピーカーと同じです。両耳にかぶせるように当てる構造のものを「ヘッドホン」、耳に差し込んで使われるものは「イヤホン」あるいは「インナーイヤタイプヘッドホン」といいます。

●密閉タイプヘッドホン：

外側全体をケースで覆い、耳が当たる部分には密着する柔軟なイヤーパッドが設けられており、ケースの内部は吸音材が配置されています。外部からの音を遮蔽できるために、騒音の中でも聴くことができます。また外部への漏れも非常に少なく、周囲の人たちに迷惑をかけることもほとんどありません。大型にできるので大音圧再生ができるという長所もあります。しかしながら性能的にはオープンエアタイプに少し劣ります。

●オープンエアタイプヘッドホン：

外側を単にケースで覆うだけの構造で、イヤーパッドも発泡ウレタンなどで作られており通気性がよく、音が自由に出入りできます。外部の音も同時に耳に入ってくるために自然な感覚で聴くことができます。密閉タイプに比べると小型ですので装着感に優れていますが、音漏れは周囲の人に迷惑をかけることもあります。

図 7.3a　ヘッドホン
●密閉タイプ　　　　　　●オープンエアタイプ

（写真提供：SONY）

●ヘッドホンのしくみ

- ダイナミック型：多くのヘッドホンがこの方式を採用しています。ダイナミックスピーカと同じしくみです。
- コンデンサー型：コンデンサーマイクと同じしくみです。
- マグネチック型：コイル、マグネット、振動板から構成されます。ダイナミック型と異なりコイルは動きません。コイルに電流を流して磁気力で振動板を動かします。非常にシンプルな構成で昔からイヤホンによく用いられています。

●カナル型イヤホン

耳の穴の中まで差し込んで使うイヤホンです。外部の音を遮断して聞くことができます。またイヤホンの音が外部に漏れることもありません。

●ワイヤレスヘッドホン

電気信号を、赤外線や電波などで送ることにより、じゃまなケーブルを不要にしたものです。赤外線を用いた方式は従来からよく使われていましたが、最近は電波を利用したものがよく見受けられます。電波を使った方式は赤外線方式に比べて、消費電力が少ない、途中の障害物による音切れが少ないというメリットがあります。FM変調のアナログ方式と Bluetooth あるいは WIFi の規格に沿った電波を使ったデジタル方式のものがあります。

●ノイズキャンセリングヘッドホン

外からのノイズをマイクでキャッチしてこれと逆位相の音波を発生させることによって、ノイズを消去したヘッドホンです。まわりの人声、電車の音などが耳に飛び込んできません。

図 7.3b　イヤホン
●マグネチック型　●カナル型

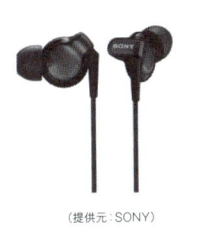

（提供元：SONY）

図 7.3c　ノイズキャンセリング
　　　　ヘッドホンのしくみ

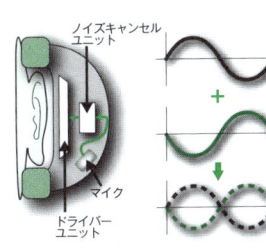

ノイズキャンセルユニット
マイク
ドライバーユニット

ノイズ
＋
逆位相の波を発生させる
↓
合成するとノイズが消える

7-4 ブラウン管テレビのしくみ

●ブラウン管テレビとは？

薄型の液晶テレビやプラズマテレビがかなり普及してきましたが、家庭の中ではまだ多くのブラウン管テレビが使われています。

ブラウン管とは中が真空になったガラス管の中を電子が飛び、蛍光体と衝突して発光するしくみです。構造は大きく分けて、電子銃部、偏向部、色選別・発光部に分けることができます（図7.4a）。

●電子銃部

水平方向に配置された赤、緑、青色用の3本の電子銃を備えています（図7.4b）。電子銃は電子ビームを発射する役割と、小さく絞る役割を担っています。

カソードがヒーターで熱せられて電子を放出します。この電子ビームは発散しないように電場が形成する電子レンズによって絞られます。

●偏向部

長方形の蛍光面のエリア上に電子ビームを照射するために電子ビームを水平および垂直方向に曲げる必要があります。これを「偏向」といいます。

この役割をするのが「偏向コイル」です（図7.4c）。この例では水平偏向コイルはサドル状

図7.4a　カラーブラウン管の構造
電子銃部
偏向部
色選別及び発光部

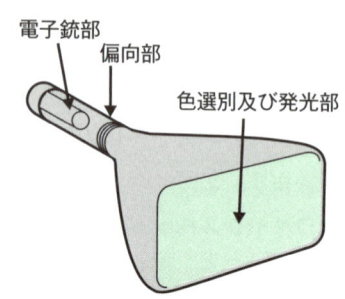

図7.4b　電子銃部
赤色用電子銃
青色用電子銃
緑色用電子銃

電子銃の役割
・電子ビームを発生
・電子ビームを細く絞る

図7.4c　偏向部の偏向コイル
水平偏向ヨーク
垂直偏向ヨーク

出典：EIZO技術研究所HP
http://eclub.eizo.co.jp/lab/2005/11/crt3.html

に巻かれ、垂直偏向コイルはトロイダル状に巻かれています。水平、垂直偏向ともサドル状に巻かれたコイル、水平、垂直ともトロイダル状に巻かれたコイルもあります。

図 7.4d　電子ビームの偏向

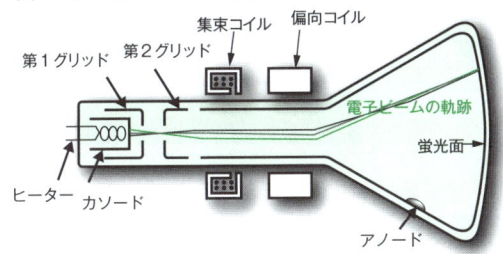

● **色選別部**

色を選別するためにシャドウマスクが使われます。シャドウマスクは蛍光面の手前に配置され電子ビームが通過するための多くの微小なスリットが設けられています。下の図はシャドウマスクの一部を拡大したものです（図 7.4e）。

シャドウマスクに設けられたスリットによって、各電子銃からの電子ビームは対応する色の蛍光体を照射します。シャドウマスクは非常に巧妙な方法で色選別を行っていますが、一方でシャドウマスクによって電子ビームの 70％以上がさえぎられ大きなエネルギー損失となっています。

● **蛍光体部**

ブラウン管のガラス部に蛍光体の粒子が塗られています。その上には蛍光体を高圧のなど電位にするために薄くアルミ膜が蒸着されています。電子ビームは非常に高いエネルギーを持っているのでアルミ膜を通過し蛍光体を発光させます。蛍光体からの光は後方にも放射されますがアルミ膜で反射しすべて前方に向かい、光の利用率が向上します。

図 7.4e　色選別部

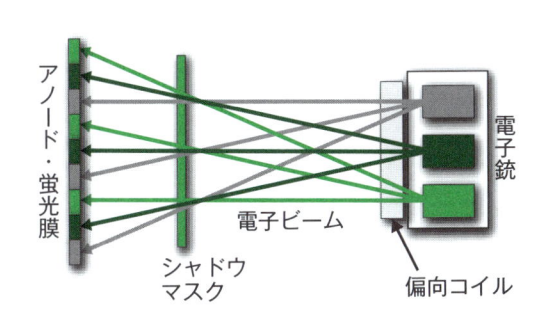

図 7.4f　発光体部

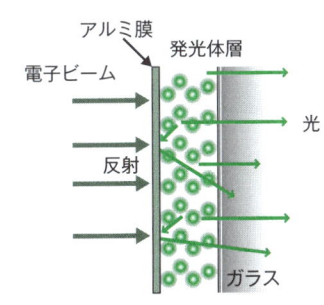

7-4　ブラウン管テレビのしくみ

7-5 液晶テレビのしくみ

●液晶テレビの大まかなしくみ

　液晶テレビの断面図と正面図を図7.5aに示します。液晶パネルは、液晶を2枚のガラスで封入した構造になっており、微小な小さな窓から成り立っています。たとえば横方向に1,920個、縦方向に1,080個の窓があります。そして、バックライトによって液晶パネル全体に均一な光を照射し、それぞれの窓を開けたり閉めたりすることによって映像を表示します。

　このように液晶パネルは、自ら光るのではなくて透過光を用いたディスプレイです。このように外部からの光を利用したものを「他発光型ディスプレイ」といいます。それに対してカラーブラウン管のように、自らが光るディスプレイを「自発光型ディスプレイ」といいます。

図 7.5a　液晶パネルの構造
●断面図
●正面図

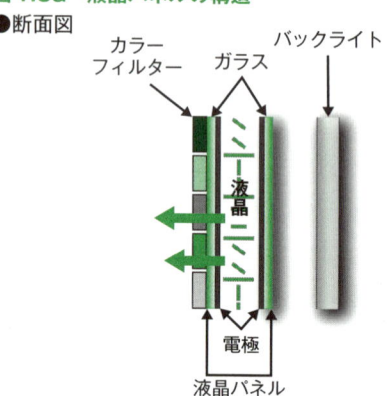

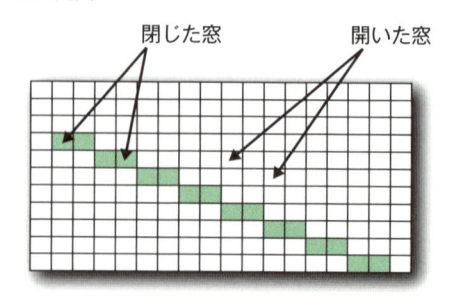

●液晶パネルの構造

　液晶パネルの表裏面には偏光フィルターが貼られており、さらにその表面には色選別のためのカラーフィルターが設けられています。液晶パネルは透明電極によって微小な窓に区分けされています。これらの窓が開閉され、またカラーフィルターによってそれぞれの窓から出てきた光に色を付けます。

図 7.5b　バックライト
●直下型方式　　　　　　　　　　　　　●エッジライト方式

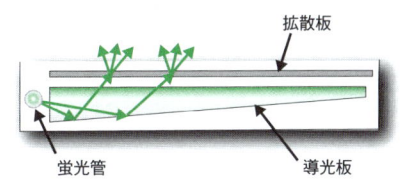

（図：直下型方式では拡散板・蛍光管・反射シート、エッジライト方式では拡散板・蛍光管・導光板）

●バックライト

　バックライト用光源には、主に冷陰極蛍光管（P.116 参照）が用いられますが、LED や EL を用いたものもあります。液晶面に均一に光を照射するために、2つの方式があります（図 7.5b）。

- 直下型方式：

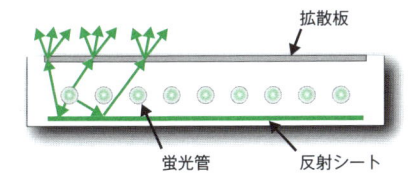

複数本の蛍光管を横方向に並べる方式で、大型テレビによく用いられます。裏側に、光を効率よく利用するために反射シートを設け、表側には光が均一になるように拡散板を配置します。この方式では、蛍光管の本数を増やすと明るくできますが、コストが高くなります。また、照度を均一にするため光源・液晶パネル間に一定の距離が必要、厚くなるといった欠点があります。

- エッジライト方式：

端辺に蛍光管を配置します。光源からの光をアクリルなどで作られている導光板と拡散板によって均一光にします。パソコン用などの小型ディスプレイで使われています。

●偏光と偏光フィルター

　光の振動は進行方向と直角であり、バックライトからの光は水平方向と垂直方向の振動の波が混じり合っています。偏光フィルターはこの波のうち一方だけを通します。したがって約半分の光だけが通過します。垂直方向の偏光フィルターと水平方向の偏光フィルターを重ねると光はすべてさえぎられます（図 7.5 c）。

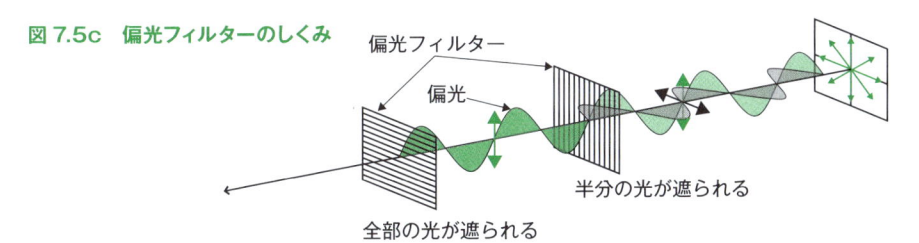

図 7.5c　偏光フィルターのしくみ

（図：偏光フィルター、偏光、半分の光が遮られる、全部の光が遮られる）

7-5　液晶テレビのしくみ

図 7.5d　液晶分子の配向と偏光

●配向膜と液晶分子の配列　　●液晶分子と偏光

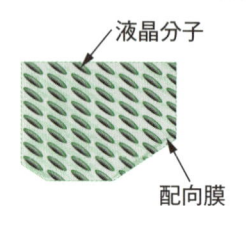

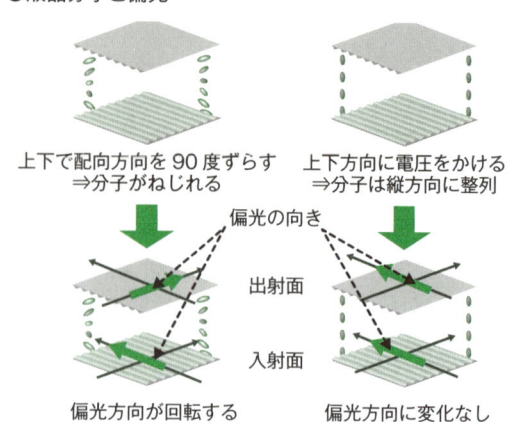

上下で配向方向を 90 度ずらす　　上下方向に電圧をかける
⇒分子がねじれる　　　　　　　　⇒分子は縦方向に整列

偏光の向き
出射面
入射面

偏光方向が回転する　　　　偏光方向に変化なし

●液晶分子の性質

　液晶は、外観上は液体と同じ流動性を持っていますが、各分子の向きは一定の向きにそろっています。この向きのことを「配向」といいます。最もシンプルな TN 型液晶について表示のしくみを説明します（図 7.5d）。

　面に細い溝を刻みます。すると液晶分子はこの溝にそって並びます。細い溝の刻まれた膜のことを「配向膜」といいます。液晶層の上下を互いに 90 度ずれた配向膜ではさむと、その間で液晶分子はしだいにねじれます。ねじれた状態の液晶に光を当てると、偏光面が回転して光が透過します。次に、上下の面の間に電圧をかけると液晶分子は上下方向に向きを変えて整列します。この状態の液晶では、光が通過しても偏光面は回転しません。

　この液晶をたがいに平行な 2 枚の偏光板ではさみます。電圧をかけた状態では偏光方向は変化しないので光がさえぎられますが、電圧をかけていない状態では、液晶によって光の偏光面が回転するために光が透過します。

●駆動電極部のしくみ

　透過光量を変えるには画素ごとに適切な電圧を加えなければなりません。この役割をするのが駆動電極部です。電極を駆動する方法には単純マトリクス方式とアクティブマトリクス方式があります。前者はある画素の窓を開くのに、その水平方向と垂直方向の窓を一斉に開くという方法です。交点の窓はもっとも大き

く開きますが、それ以外の窓も半開きになってしまうという欠点があります。アクティブマトリクス方式では、すべての画素にトランジスタ(TFT)を形成し独立に窓の開閉を行うことができます。(図 7.5e)。

図 7.5e　アクティブマトリクス方式

●視野角改善技術
…「VA 方式」と「IPS 方式」

液晶テレビの最大の欠点の1つが視野角の狭さでした。液晶画面は、中央方向から見たときにはきれいに見えるのですが、上下あるいは左右方向から見ると、暗い、コントラストが悪い、色が変化する、などのために、正常に見られる角度範囲が限定されています。

この解決のために TN 方式に代わって、VA 方式、IPS 方式が提案されました。VA 方式では電圧が off、すなわち黒表示のときに液晶分子が立ち上がって、完全な黒色が再現できるという長所があります。IPS 方式では液晶分子は水平面でのみ回転し、そのために視野角が非常に広くなります(図 7.5f)。

●液晶の応答速度

液晶テレビの最大の弱点は「残像」という現象です。動きの激しい画面では、液晶分子の動きが追随できなくなってしまい、そのために画面がぼやけてみえることがあります。初期の頃に比べるとかなり改善されましたが、まだ十分ではありません。この改善のために倍速液晶や4倍速液晶が開発されました。日本では1秒間に60枚(フレーム)の画面を表示していますが、倍の120枚あるいは4倍の240枚が表示されます。

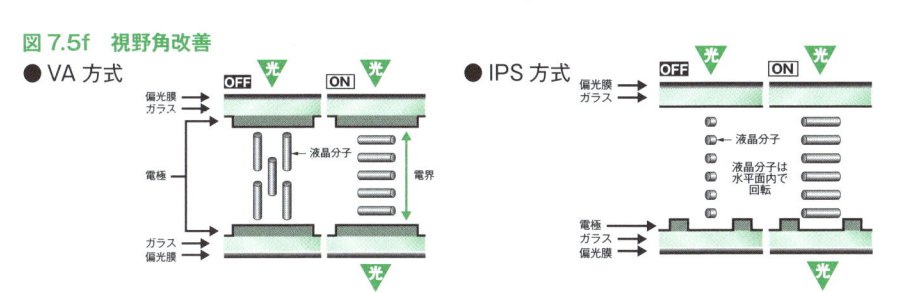

図 7.5f　視野角改善
● VA 方式
● IPS 方式

7-6 プラズマテレビのしくみ

●発光のしくみ

　液晶テレビと並ぶ代表的な薄型テレビです。縦横に多くの画素が並んでいます。それぞれの画素は赤色、緑色、青色の3つのセルから構成されます。

　原理は蛍光灯と同じです。前後に前面ガラス、背面ガラス、横は隔壁によって囲まれた構造をしており、中にはネオンや、キセノンガスなどが封入されています。内側の壁は光が射出される方向以外は全部蛍光体が塗られています。ガスは普段は原子状態ですが電極間に電圧をかけると放電し陽イオンと電子に分裂したプラズマ状態となります。陽イオンと電子は再結合し、このときに紫外線を放出します。紫外線は赤色、緑色、青色の蛍光体に衝突し発色します（図7.6a）。

図7.6a　プラズマディスプレイパネルの構造

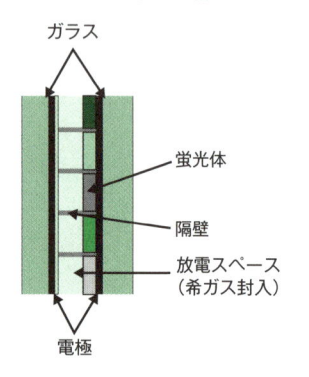

●駆動電極

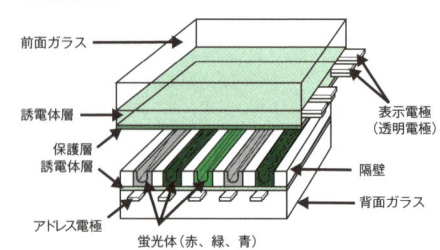

　縦方向及び横方向に画素に対応する電極が配線されています。縦方向の電極を「アドレス電極」、横方向の電極を「表示電極」といいます。表示電極は透明です。従来、表示電極は1本だけでしたがアドレス電極との間でスパークを起こすと

図7.6b　プラズマテレビのしくみ

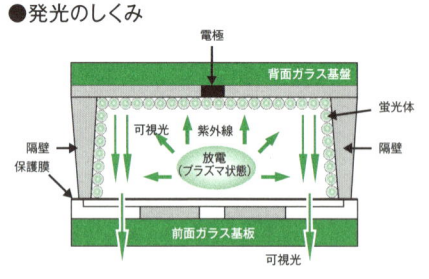

いう問題があり、2本使われています（図7.6b）。

● プラズマテレビのコントラスト

　蛍光灯は瞬時に点灯することができず、点灯にはグローランプが必要でした。プラズマテレビも同じで、瞬時に発光させることはできません。そのために点灯時以外にも予備放電をさせています。しかしこの予備放電によって光が少し漏れてしまい、黒が浮いてしまうという問題がありました。

　しかし予備放電の漏れを大幅に少なくする技術が開発され、外光がない時の黒色の濃さは液晶テレビよりも抑えられ、暗い部屋ではプラズマテレビの方が良好な画面が得られるようになりました。一方明るい環境下では、表面の反射率がプラズマテレビの方が大きいため、黒が浮いてしまいます。明るい環境下では液晶テレビのほうが適しているというのはこの理由によるものです。

● 諧調表示

　蛍光灯は明るさを調整することはできません。プラズマテレビでは、輝度信号の大きさに応じて印加するパルスの数を変えて、段階的な明るさを表現します。

● プラズマテレビの消費電力

　カタログ値では液晶テレビの約1.5倍ですが、液晶テレビの場合は画面の映像によらず一定であるのに対し、プラズマテレビでは画面の明るさに応じて変動します。消費電力のカタログ値は最大値で表示されているので、実際の消費電力ではもう少し差が少なくなります。このような問題を避けるために、最近は年間消費電力で表示されるようになってきています。

表7.6　プラズマテレビの性能

項目	液晶テレビ	プラズマテレビ
適するサイズ	60インチ以下	40インチ以上
明るさ	基準	ダイナミックレンジが広い
フルハイビジョン対応	○	△
部屋の環境	明るい部屋で有利	暗い部屋で有利
視野角	△→○（IPS液晶）	○
動きのある画面	△→○（倍速液晶）	○
消費電力	基準	1.2倍（実質）
寿命	60,000時間（バックライトは6,000時間）	最新機種：60,000時間

7-7 プロジェクターのしくみ

●プロジェクターとは？

　小さな画像を、レンズによって拡大して大きなスクリーンの上に投影する機器です。本体は小型でありながら、大きな画面が実現できるのが特徴です。従来は小型の CRT を用いていたために、本体が大きくなり部屋に常設するという使い方がほとんどでした。しかし液晶などの技術が進歩したために、高画質、小型軽量、低価格が実現し、使える場面が非常に多くなってきました。

　学校や企業では多くの部屋に設置されるようになりました。簡単に持ち運べ、容易に設置することができ少人数のミーティングにも使われています。液晶テレビやプラズマテレビよりもはるかに大きな画面が実現できます。

●プロジェクターの基本的なしくみ

　初期のころは、赤・緑・青の 3 本の 5 インチ程度のブラウン管を用いた方式が使われていましたが、今はほとんど販売されていません。現在は高輝度の光源で小型の液晶ディスプレイや、次ページで述べる DMD（デジタル・マイクロミラー・デバイス）を照射し、その像を投射レンズで拡大しています（図 7.7a）。

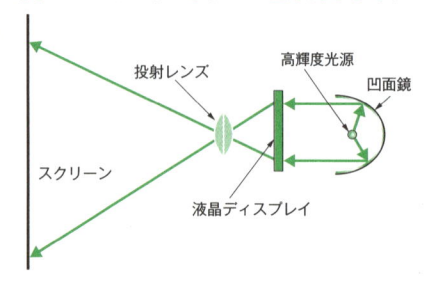

図 7.7a　プロジェクターの基本的なしくみ

●液晶プロジェクター

　透過型液晶ディスプレイを用いた方法です。1 枚のカラー液晶パネルを拡大する「単板方式」と、3 枚の液晶パネルを用いる「3 板方式」があります。単板方式は構成が簡略で小型でコストも安くなりますが、カラーフィルターのために光量の損失が大きく、また画素数が 3 板式に比べると 1/3 になります。

　3 板式では、図 7.7b のように 3 枚のモノクロ液晶パネルが使われます。2 枚の「ダイクロイックミラー」（2 色性ミラー、特定の光だけ反射し残りの色を透

図 7.7b　液晶プロジェクター

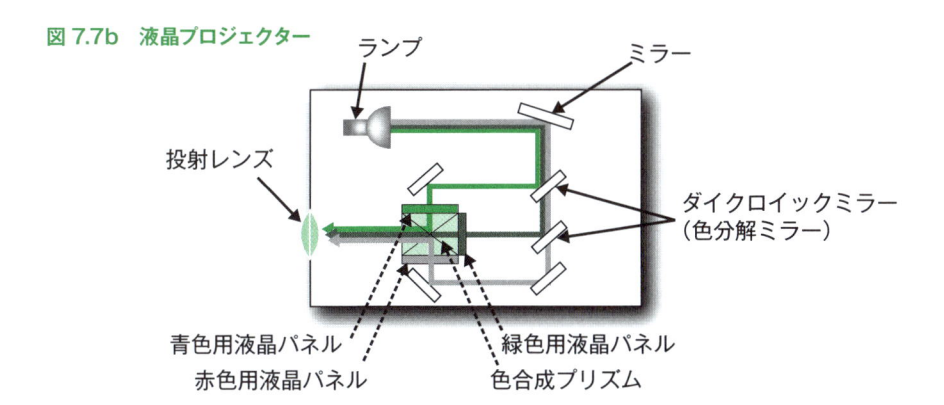

過させる）でランプからの白色の光を青、緑、赤色に分解します。各色の光は対応する液晶パネルを透過します。その後 3 色の光はクロス状に構成されているダイクロイックプリズムで合成され、レンズによって拡大投射されます。

● DLP プロジェクター

　DLP とはデジタル・ライト・プロセッシングの略です。DMD（デジタル・マイクロミラー・デバイス）を用いて表示します。1 つの DMD チップの中には、可動式ミラーが 48 万～ 131 万個敷き詰められていて、それぞれのミラーの角度は電圧がかかると傾き、光の方向を変えることができます。これらを調整して、ランプからの光の反射を調整しスクリーンに映像を映し出します（図 7.7c）。

　DLP はカラー化を実現するためにカラーホイールを用いています。カラーホイールには、赤、緑、青色のフィルターが貼られており、回転することによってそれぞれの色を選択します。液晶パネルとは異なって偏光による光量の損失はありません。

図 7.7c　DLP プロジェクターのしくみ

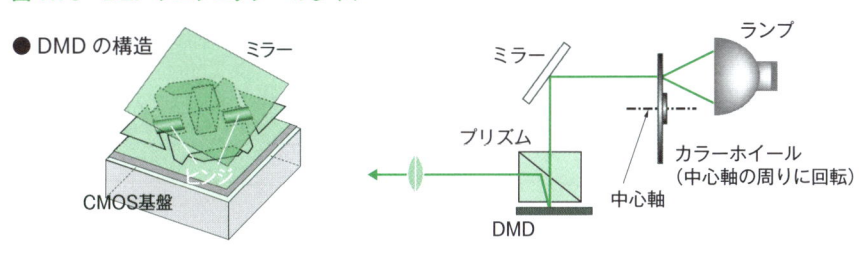

● LCOS プロジェクター

　LCOS とは「リキッド・クリスタル・オン・シリコン」の略語です。一般的な液晶パネルはガラス板ではさまれ、ガラスの上に形成されたアモルファスあるいは多結晶シリコン薄膜トランジスタ（TFT）で駆動されますが、LCOS では、液晶はシリコン基盤とガラスではさまれ、シリコン上に形成されたトランジスターによって駆動されます。

　透過型液晶パネルではトランジスターのために光が一部さえぎられていましたが、LCOS は反射式なので光量の損失が少なく、セットの大きさも小さくできます。駆動トランジスターは単結晶シリコンのため微細な構造が可能なので、小型で高精細なパネルを実現できます。ダイクロイックミラーで赤、緑、青色に分解し、ダイクロイックプリズムで合成します（図 7.7d）。

●プロジェクターの光源

　プロジェクターには、非常に高輝度で発光部の小さな光源が必要です。そのため、超高圧水銀ランプやメタルハライドランプがよく用いられています。ランプは本体に比べて寿命が短く交換が必要です。交換しやすいようにカセット式になっています。

　また光源に LED を用いた例もあります。明るさは超高圧水銀ランプやメタルハライドランプにはかないませんが、機器を非常に小さくできます（図 7.7e）。

図 7.7d　LCOS プロジェクターのしくみ

図 7.7e　超小型の LCOS プロジェクター

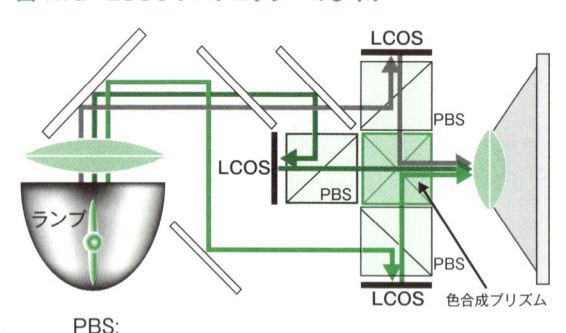

PBS:
偏光ビームスプリッターと呼ばれます。垂直方向の偏光を透過し、水平方向の偏光を反射します。

（提供元：住友スリーエム）

●リアプロジェクションテレビ

　スクリーンの後ろ側から投射するので、リアプロジェクションテレビ。あるいは「投射型テレビ」、または単に「リアプロ」と呼ばれます。プロジェクターの光学エンジン部とスクリーンを一体化し、1つの筐体に収めたものです。これに対して通常のプロジェクターを「フロントプロジェクター」と呼ぶこともあります。

　光学エンジン部は、基本的にプロジェクターと同じです。投射レンズの画角でセットの大きさが決まるので、投射レンズはプロジェクターのものをそのまま流用することはできません。

●スクリーン

　フレネルレンズとレンチキュラーレンズの2枚のシートから構成されています。フレネルレンズは光学エンジンからの光を収束し、観る人のほうに光を集める役割をします。レンチキュラーレンズは光を拡散する役目と外光の反射を少なくする役目をします。

●リアプロジェクションテレビの長短所

- 最大の長所は価格が安いことで、大画面になるほど傾向が顕著です。
- 他の薄型テレビに比べて奥行きが大きいという欠点はありますが（50型で40cm程度）、重さは軽くなります。
- 液晶テレビと比べて約30%、消費電力をおさえられます。
- 視野角が狭く、画面の周辺部が暗いという欠点があります。

図7.7f　リアプロジェクションテレビ

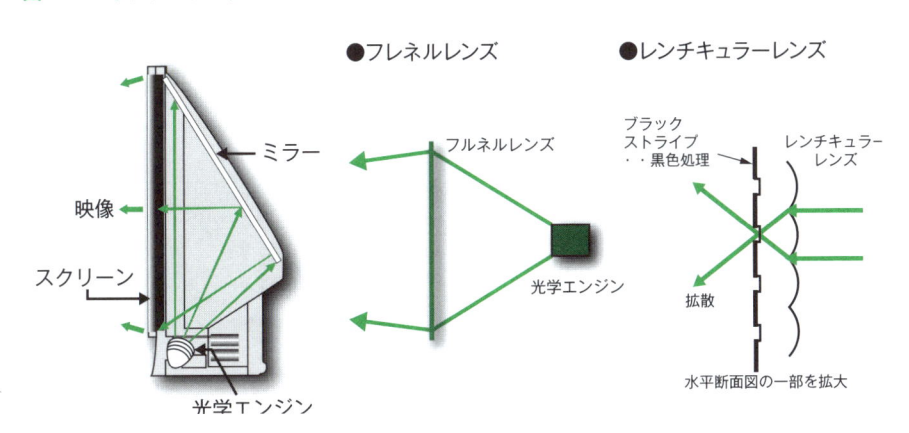

7-8 ELディスプレイとは何か

● EL とは何か

EL とは「エレクトロルミネッセンス」の略であり、電圧を加えると発光する現象のことをいいます。またこの現象が生じるデバイスも EL といいます。EL には大きく分類すると無機 EL と有機 EL があります。無機 EL もこのところ急速に進歩していますが、本節では最近注目されている有機 EL を解説します。電圧をかけると材料そのものが光る（自発光型）ので、液晶のようなバックライトは不要です。発光部分も非常に小さいので、極薄のディスプレイを実現できます。

● 有機 EL の構造

有機 EL には、低分子系有機 EL と高分子系有機 EL があります。携帯電話、テレビなどで商品化されているものは低分子系がほとんどです。

低分子系有機 EL は、電子輸送層、発光層、正孔輸送層の 3 層から形成されます。電子輸送層に陰極、正孔輸送層に陽極を接続します。電子輸送層から電子が注入され、正孔輸送層から正孔が注入され、発光層でこれらが結合します。その結合の際にエネルギーを放出し、発光層の発光材料を励起します。発光材料はその後元の状態に戻る際に光を放出します。

陽極電極は光が透過するように透明電極、陰極電極は後方に光が漏れないように金属の反射面になっていて、ガラス基板の上にこれらの各層を蒸着で形成します。

各層の厚みは数十～数百 nm と非常に薄くなっています。印加する電圧は数 V ですので消費電力も少なくてすみます。

図 7.8a　低分子系有機 EL の構造

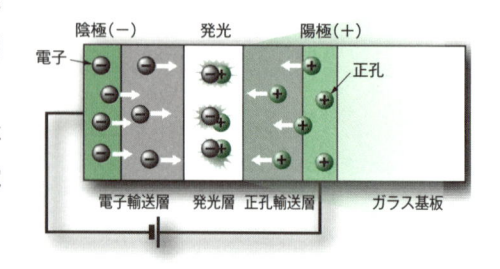

●有機 EL のカラー化方式

カラー化するには 3 つの方法があります。

- 白色を発光させ 3 つに分け、それぞれに赤、緑、青色のフィルターを透過させる方法
- 青色を発光させ、蛍光変換膜で赤色および緑色に変換する方法
- 赤、緑、青のそれぞれの発光層を別々に形成する方法

●有機 EL の駆動方法

ディスプレイとして動作するには画素を形成し、各 EL を駆動する必要があります。そのために画素ごとにトランジスター（TFT）を設けます。

もっとも多いのがガラス基板の上に多結晶 TFT を形成する方法ですが、価格が安くできるアモルファス TFT や、有機 TFT を開発している企業もあります。有機 TFT の場合は、柔らかい基板を使えるので、折り曲げられるディスプレイを実現できます。

● EL の課題…大画面化、価格、寿命

EL テレビが液晶テレビと競合するためには、次の 3 つの課題を解決しなければなりません。

- 大画面化　2008 年現在で商品化されている EL テレビは 11 型までです。
- 価格　　　現状は液晶テレビと比べてかなり高価です。
- 寿命　　　液晶テレビが 6 万時間であるのに対してまだ 3 万時間です。

高分子系有機 EL の技術開発も目覚ましいものがあります。高分子系有機 EL は蒸着ではなく、塗布・印刷・スピンコートなどで制作することができるので、大画面化、低価格化が大いに期待されます。

図 7.8b　有機 EL のカラー化の方法

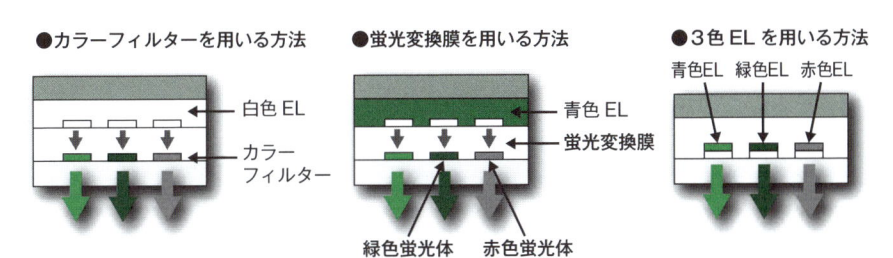

7-9 電界放出ディスプレイ（FED）のしくみ

●基本原理と特徴

　ブラウン管の場合は1本（あるいはカラーブラウン管の場合には3本）のカソードから電子を放出していいたのに対して、電界放出ディスプレイ（Field Emission Display、FED）では、画素ごとに1個あるいは数個（場合によっては数万個）のカソードが配置されています。

　電子を蛍光体に衝突させて発光させるという点ではブラウン管と同じしくみですが、FEDでは熱することなく（冷陰極）電界を加えて電子を放出します。

　FEDには、明るさの再現範囲が広い、視野角が広い、自発光であるというブラウン管の特徴をそのまま引き継ぎながら、最大の欠点である奥行きが大きいという問題を解消しています。またシャドウマスクも不要なので電力消費も少なくなります。FEDには、3つの主な方式があります。

●スピント型エミッター

　アメリカのスピント氏が考案した方式です。ガラス基板に陰極電極、先端に電界が集中するようにコーン形状をしたティップと呼ばれるエミッター、さらに

図7.9a　電界放出ディスプレイとブラウン管の比較

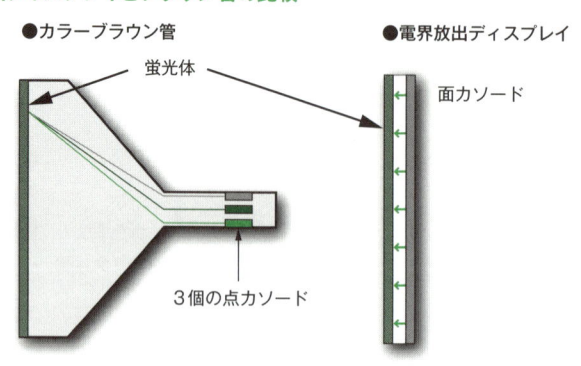

図 7.9b　エミッターの種類

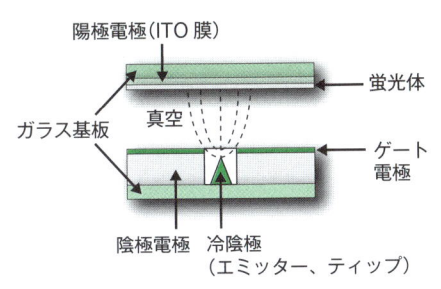

●スピント型エミッター　　　　　　　　　●表面伝導型電子エミッター

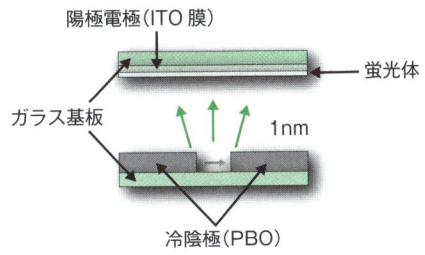

陽極電極(ITO膜)　蛍光体　ガラス基板　真空　ゲート電極　陰極電極　冷陰極（エミッター、ティップ）

陽極電極(ITO膜)　蛍光体　ガラス基板　1nm　冷陰極(PBO)

ゲート電極が形成されます。1画素当たり数百個のティップが電子放射のむらを平均化します。ガラス基板の間隔は数 100μm です。

　反対側のガラス基板には透明の「ITO膜」を介して蛍光体が塗布されます。ITOとは酸化インジウムスズ（Indium Tin Oxide）の略で、「透明導電膜」とも呼ばれます。ソニーから技術を引き継いだエフ・イー・テクノロジーが 19 インチの試作を終えています。

●表面伝導型電子エミッター

　PbO（酸化鉛）の超微細粒子の薄膜を電子放出源として用います。この薄膜に 1nm 程度のギャップを設けその間に電圧をかけることによって電子を放出します。キヤノンが商品化を進めている SED（表面伝導型電子放出ディスプレイ）はこの方式の一種です。印刷技術で作成できるため、製造工程が簡単で、大画面化が容易であるといわれています。既に 36 型 SED テレビの試作を終えています。

●カーボンナノチューブエミッター

　カーボンナノチューブを電子放出源としたものです。高電圧で駆動する必要がある回転蒸着法エミッタに代わり、比較的低電圧で電子放出が得られるカーボンナノチューブをエミッタとして使用した FED を、日立・三菱・サムスンなどが開発中です。

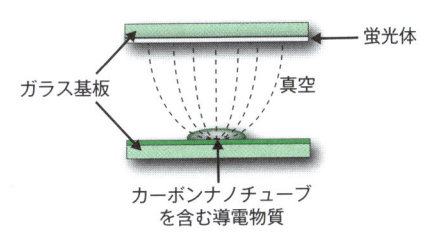

図 7.9c　カーボンナノチューブエミッター

蛍光体　ガラス基板　真空　カーボンナノチューブを含む導電物質

7-9　電界放出ディスプレイ（FED）のしくみ

7-10 フレキシブルディスプレイとは何か

●紙媒体とディスプレイの長短所

　コンピュータの進歩に伴ってペーパーレス化が叫ばれてきましたが、期待されるほどには進展していません。その理由の1つは、読みやすさ、見やすさ、使いやすさの点で紙媒体がディスプレイを上回っている面があるからです。

　直接光を見るディスプレイよりは反射光を見る紙の方が見やすいし、姿勢を一定に保たなければならないディスプレイよりは姿勢をいろいろ変えながら見られる紙の方が使いやすいわけです。また紙はどこにでも持っていくことができますし、貼りつけたり吊るしたりこともできます。一方でディスプレイには、コピーが容易、動画が表示できる、紙が不要で省資源という特徴があります。

　ディスプレイに紙の特徴を加えることによって電子ディスプレイの応用分野がさらに広がります。そのために、超薄型のシートタイプ、折りたためるタイプ、巻きとれるタイプのディスプレイの開発が進められています。このようなディスプレイを「フレキシブルディスプレイ」あるいは「電子ペーパー」といいます。

　フレキシブルディスプレイが利用される分野はさまざまですが、電子書籍、電子新聞、掲示板、案内板、POP広告、ICカード、ポイントカード、診察券などがあります。

図7.10a　フレキシブルディスプレイ

（提供元：富士通）

●フレキシブルディスプレイの表示のしくみ

　フレキシブルディスプレイを実現するために、さまざまな方式が提案されています。主な方式としては液晶を用いたもの、ELを用いたもの、電気泳動現象を利用したものがあげられます。

●液晶方式

　一般的な液晶ディスプレイが、固い2枚のガラス基板で液晶をはさんでいるのに対して、折り曲げられるように基板をプラスチックに代えています。折り曲げても液晶層の厚みが変わらないよう、各所に壁を設けています。バックライトが必要な透過タイプと、不要な反射タイプがあります。

● EL 方式

　基板はプラスチック製です。電子とホールが結合して発光するしくみはELディスプレイと同じです。下の図の例では高分子発光層を用いており、印刷によって製作します。

●電気泳動方式

　電気泳動とは、溶液中に分散された粒子が電界によって移動する現象のことです。「マイクロカプセル型電気泳動方式」では、透明樹脂のマイクロカプセルの中を透明な絶縁性液体で満たし、その中にプラスに帯電した白色粒子とマイナスに帯電した黒色粒子を封入します。電極間に電界を印加すると、印加電圧の向きに応じて荷電粒子が移動し、白あるいは黒を表示します。

●有機 TFT

　フレキシブルディスプレイ用の TFT としては、プラスチック基板の上に有機半導体で形成する有機 TFT が非常に注目されています。印刷技術で作るため、大画面を安くに実現できると期待されています。

図7.10b　晶方式フレキシブルディスプレイの方式

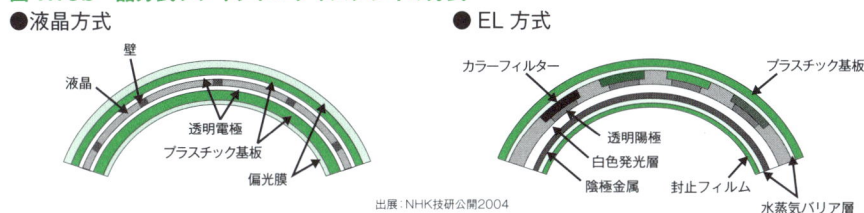

●液晶方式

●EL 方式

出展：NHK技研公開2004

●電気泳動方式

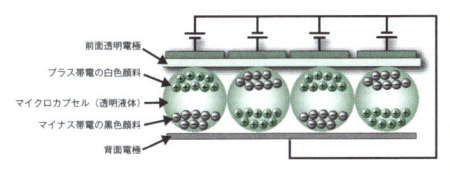

● EL と有機 TFT を用いた例

（提供元：SONY）

7-10　フレキシブルディスプレイとは何か

7-11 著しく増えたCDの仲間

● CDの種類

「見る」の次は「聞く」です。そしてまずはCDの仲間から始めます。

記録されているデータの内容から、CDは「オーディオCD」と「データCD」に分けられます。また記録方式の違いによってCD-ROM、CD-R、CD-RWがあります。

オーディオCDはCD-DAあるいは音楽CDとも呼ばれ、プレーヤーによって記録されているデジタルの音声データをアナログデータに変換し、スピーカーあるいはヘッドフォンで再生されます。

●音楽CD

サンプリング周波数44.1kHz　PCMステレオで保存されます。保存時間は最大約80分です。データはらせん状に内側から外側に記録されています。内側と外側で線速度一定の状態でデータが読みだされます。したがって、中心付近では回転数が速く、周辺では遅くなります。

●データCD

誤りが許されないので誤り検出、訂正が行われます。記録容量は640MB、650MB、700MBなどがあります。

表7.11　CD

●記録内容からのCDの分類

CD	オーディオCD	音楽
	データCD	コンピュータデータ

●記録方法からのCDの分類

CD	読出しのみ	CD-DA
		CD-ROM
	一度だけ書込み可	CD-R
	何度も書込み可能	CD-RW

図7.11a　CDの構造

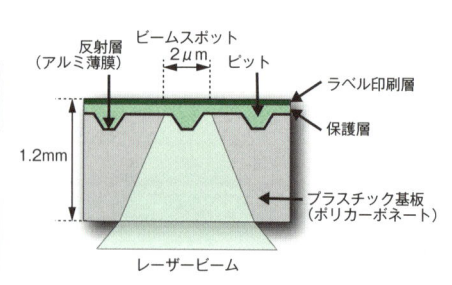

● CDの構造

　CDの外形は、直径12cmまたは8cm、厚さ1.2mmの円盤です。1.2mm厚さのポリカーボネートなどのプラスチックの基盤の上に、反射層、保護層、ラベル印刷層が設けられています。

　反射層は約80nmの平面のアルミニウム蒸着膜ですが、「ピット」と呼ばれる凹みがあります。780nmの赤外線レーザー光を照射すると、平面部では反射光がそのまま戻り、ピットの境界部では干渉により強度が弱まって戻ります。この差がデジタルデータとなります。保護層は約10μmの厚さで傷などを防止します。

　データ読み出し光学系（光学ヘッド）は、レーザー光をCDに照射し、反射光をフォトダイオードで検出します。レーザー光は偏光しています。1/4波長板を行きと帰りの2回通過しますから偏光の向きが回転し、たとえば水平偏向は垂直偏向となります。偏光スプリッターは、たとえば水平偏光は透過しますが、垂直偏光は反射します。

● CD-R

　反射層と基盤の間に「色素で形成される記録層」が設けられています。強いレーザー光を記録層の色素に照射すると熱変形しピットと同じ役割をします。元の状態に戻すことはできません。

● CD-RW

　反射層と基盤の間に「特殊な合金で形成される記録層」が設けられています。熱を加え、冷やす時間をコントロールすることにより、アモルファス相になったり結晶相になったりするという現象を利用します。アモルファス相では反射率が低くデータのない状態、結晶相は反射率が高くデータのある状態に相当します。

図7.11b　CD読み出し部の光学構成　　図7.11c　CD-RとCD-RWの構造

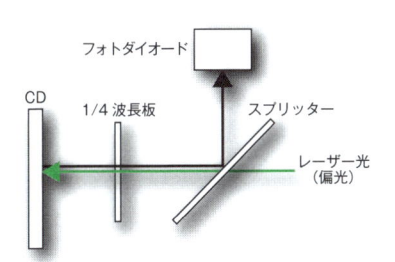

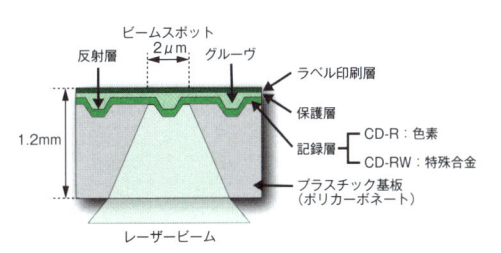

7-12 HDD/DVDレコーダーのしくみ

●さまざまな DVD レコーダー

　ビデオ録画用途として DVD レコーダーだけの製品は少なく。ハードディスクドライブ（HDD）と一体化した製品がほとんどです。HDD ならではの使い勝手の良さと、持ち運び、保存しやすいディスクの利便性を兼ね備えた商品です。VTR 一体型の DVD レコーダーや、VTR・DVD レコーダー・HDD の 3 つを備えた商品もあります。

●HDDの構造と特徴

　HDD はコンピューターの記録媒体として広く使われてきましたが、記憶容量が非常に大きい、データの読み書きが高速という特徴を生かして、VTR と比べて格段に使い勝手の良いビデオ録画機が商品化されました。

- 予約録画が簡単・・・EPG と呼ばれる番組一覧から予約することができます。HDD の容量が非常に大きいので残量を気にすることなくいくつもの番組を予約することができます。
- 手軽に再生・・・録画した番組が全部 HDD 内に保存されていますので探しまわることもありません。読み書きのスピードが非常に高速です。
- 追っかけ再生という機能があり、録画しながら再生できます。
  しくみは図 7.12a のようになっています。磁気の原理を使って読み書きをします。数枚のディスクが内蔵され、表裏両面にデータを記録することができます。

図 7.12a　HDD のしくみ

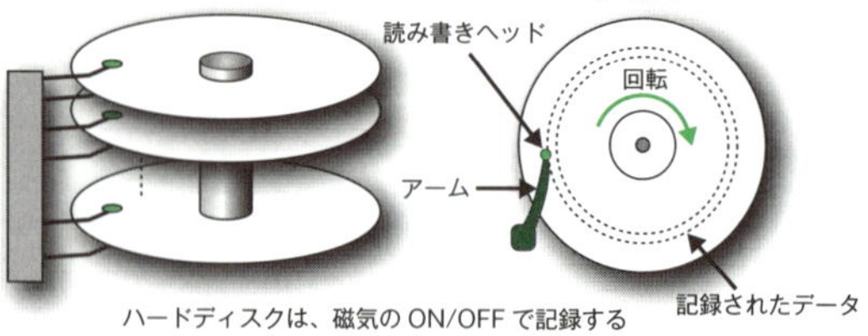

ディスク
読み書きヘッド
回転
アーム
記録されたデータ
ハードディスクは、磁気の ON/OFF で記録する

●DVDの構造

DVD は Digital Versatile Disk の略です。Versatile とは用途が広いという意味です。録画用だけではなくていろいろな用途に使われるのでこのように名づけられました。

図 7.12b　DVD のさまざまな用途

DVD では、CD の約 7 倍である 4.7GB のデータを記録することができ、VHS 標準モード相当画質では約 2 時間の映像を録画できます。DVD には、出荷時にデータが書き込まれユーザは読むことしかできない DVD-ROM と、ユーザが記録することができる記録型 DVD があります。

DVD の構造は図 7.12c に示すように、0.6mm の厚さの板を 2 枚貼り合わせているので反ることがほとんどありません。記録層は表面から 0.6mm の深さなので、ディスクが傾いたときのビームスポットの広がりを小さくできます。光源は、CD が赤外光の 780nm であるのに対し、もっと短い赤色の 650nm のレーザー光を用いているのでビームスポットを小さく絞ることができます。

●記録型 DVD の規格

記録方式についてはいくつかの規格が存立しており、対応するディスクを使う必要があります。一度だけ書き込み可能な規格には DVD−R、DVD+R、複数回の書き込みが可能な規格には DVD−RW、DVD−RAM、DVD+RW があります。

●記録容量の増大

記録層を 2 層にすることによって最大 8.5GB の記録が可能となります。 2 時間を超える映画の DVD は片面 2 層ディスクになっています。 両面に記録層を設ける方式もあります。

図 7.12c　DVD と CD の構造の違い

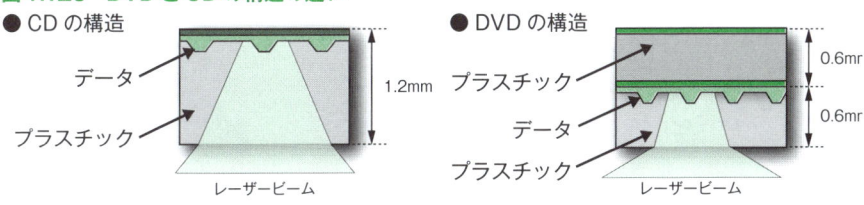

7-13 最新のブルーレイディスクとはどんなものか

● DVD よりも格段に大容量

　ブルーレイディスク（BD）は片面1層構造で、DVDの約6倍の25GBのデータを記録できます。外形と厚みはDVDと同じ12cm、1.2mmです。DVDが波長650nmの赤色レーザーを用いるのに対して、ブルーレイディスクではさらに短い波長の405nmの青色レーザーを使って、ビームスポットの広がりを一段と小さくしています。記録層は表面から0.1mmです。このように非常に浅いところを記録層にすることによって、ディスクが傾いたときのレーザー光のビームスポットの広がりを小さくできます。

● 多層記録層

　記録層を複数設けることによって記録容量を増やすことができます。既に2層については商品化されており、記録容量は1層の倍の50GBです。4～8層についても研究中です。8層が実現すれば200GBとなります。理論的には11

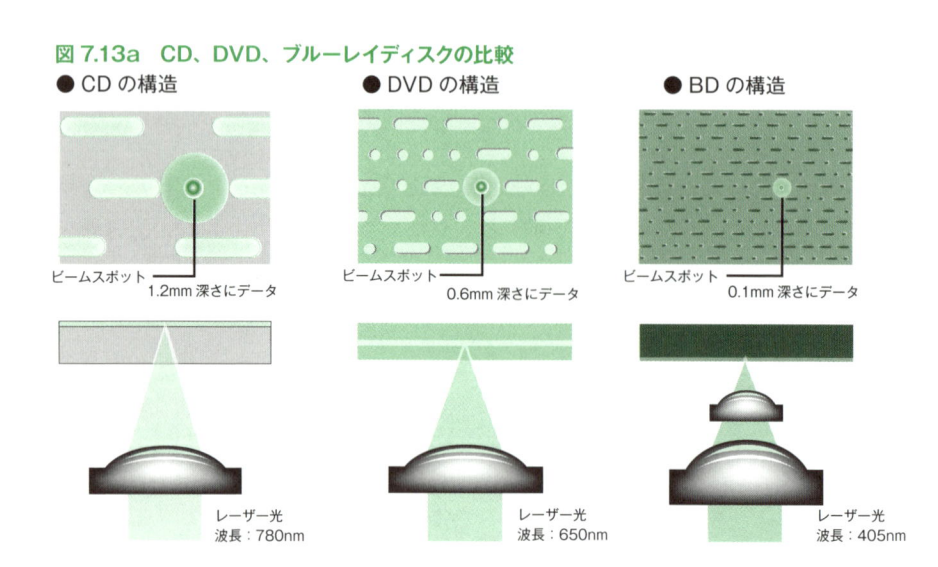

図 7.13a　CD、DVD、ブルーレイディスクの比較

● CD の構造　　　　　● DVD の構造　　　　　● BD の構造

ビームスポット
1.2mm 深さにデータ

ビームスポット
0.6mm 深さにデータ

ビームスポット
0.1mm 深さにデータ

レーザー光
波長：780nm

レーザー光
波長：650nm

レーザー光
波長：405nm

層が限界です。映像時間に換算すると、単層当たり、ハイビジョン画質 135 分と標準画質 2 時間分を同時に記録できます。

●**ブルーレイディスクの種類**

ブルーレイディスクには、読みだし専用、追記型、書き換え型があり、それぞれ BD−ROM、BD−R、BD−RE と呼ばれます。

図 7.13b　ブルーレイディスクレコーダー / プレーヤー
● ブルーレイディスクレコーダー

● ブルーレイディスクプレーヤー

（提供元：シャープ）

●未来の映像記録媒体は何か？

　現在は、映像保存媒体として、ハードディスクと DVD そしてブルーレイディスクが共存しています。近い将来この分野に半導体メモリ、ネットワーク配信が加わります。将来、これらは今まで通り共存するのでしょうか、それとも絞られるのでしょうか。

　ネットワーク配信の比重は次第に大きくなりますが、各人が保存したいというニーズは簡単には衰えないでしょう。ブルーレイなどの光ディスクは可搬性には優れていますが、記録密度、読み書きの速度の点で劣り、パソコンの分野ではあくまでも補助的な記憶装置の役割を果たしてきました。ハードディスクは単位記憶容量当たりの価格は最も安くブルーレイディスクの半分くらいです。しかし可搬メディアとしては、信頼性の確保などさまざまな課題があります。

　パソコン用では半導体メモリが急成長しています。ハードディスクの分野であった外部記憶装置にも一部半導体メモリが使われるようになりました。最大の問題は価格であり、単位メモリ容量当たりではブルーレイディスクの 10 倍くらいになります。しかし操作性に優れ。起動時間が短いというメリットがあります。

表 7.13　CD、DVD、ブルーレイディスクの比較

	CD	DVD	ブルーレイディスク
トラックピッチ（μm）	1.6	0.74	0.32
最小ピッチ長（μm）	0.8	0.4	0.15
記録密度（Gb/inch2）	0.41	2.77	14.7

7-14 デジタルカメラのしくみと特性

●デジタルカメラのしくみ

　フィルムカメラと大きく異なる点は、フィルムの代わりに撮像素子、CPU、メモリカードが使われている点です。撮像素子はレンズで作られた像を電気信号に変えます。その後コンピュータで画像処理を施し、データを圧縮して、メモリカードに保存します。

●撮像素子

　撮像素子はデジタルカメラにとって一番大切な部品です。縦、横に多くの受光素子が並べられています。それぞれを画素といい、全部の画素の数を画素数といいます。多いほどきめ細かい写真が撮れます。2005年には500万画素のカメラが主流でしたが、2008年には1,000万画素のカメラが半分近くを占めています。

図7.14a　コンパクトデジカメ画素数別シェア推移

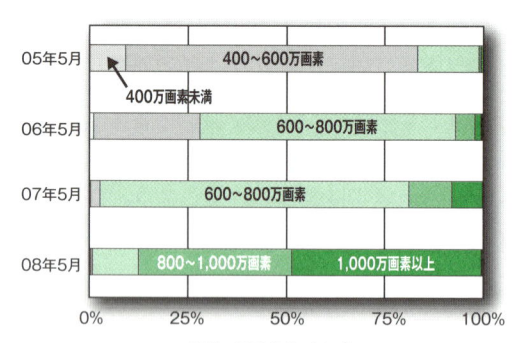

出典：BCNランキング、
URL：http://bcnranking.jp/index.html

図7.14b　デジタルカメラのしくみ

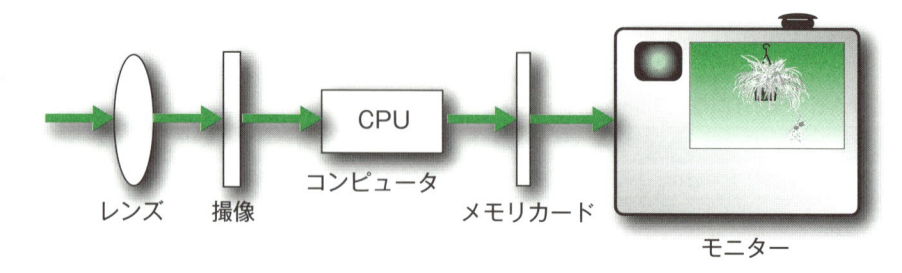

レンズ → 撮像 → CPU コンピュータ → メモリカード → モニター

●カラーフィルター

レンズからの光信号を3原色に分離するために、各素子に対して図7.14cのようなカラーフィルターが設けられています。人間の目はもっとも緑に対する反応が大きいために、緑の数は他の色の数の2倍になっています。このような配置を「ベイヤ型画素配置」といいます。

図7.14c　ベイヤ型画素配置

● CCD と C-MOS

カラーフィルターを通過した光は画素ごとに設けられた受光素子で電気信号に変換されます。各画素ごとの電気信号（電荷の量）を、時系列に取り出す役割をするのが CCD（荷電結合素子、Charge Coupled Device）と C-MOS です。それぞれ受光素子と一体化しています。

CCD は各画素に加える電圧を制御することによって電荷を隣の素子に移していきます。垂直方向に順次移し、次に水平方向に順次移し、電気信号を取り出します。画質は C-MOS を上回ります。

C-MOS は、水平および垂直用に設けられたシフトレジスタによりスイッチを順次切り替えて信号を取り出します。各素子ごとに、増幅器が設けられていますので、ノイズの発生を抑えることができます。また、大量生産に適しており、安価で、消費電力も少ないという特徴があります。安価なデジカメや携帯電話にはC-MOS が使われています。

図7.14d　デジカメ用撮像素子

● CCD 撮像素子

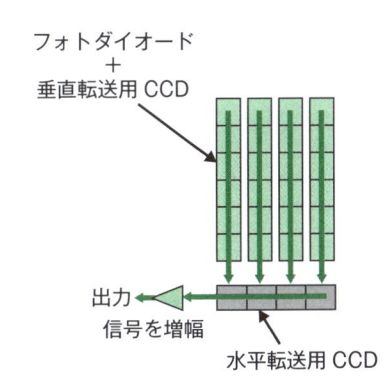

フォトダイオード＋垂直転送用 CCD

出力
信号を増幅
水平転送用 CCD

● C-MOS 撮像素子

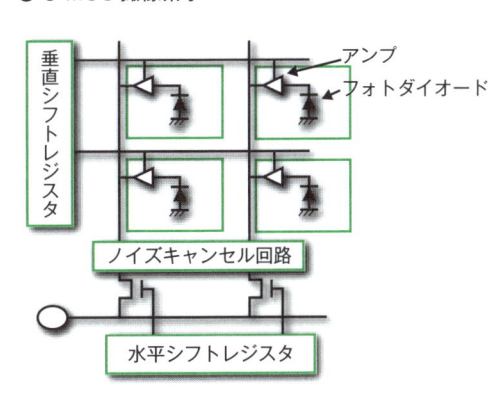

垂直シフトレジスタ
アンプ
フォトダイオード
ノイズキャンセル回路
水平シフトレジスタ

図 7.14e　総画素数と有効画素数

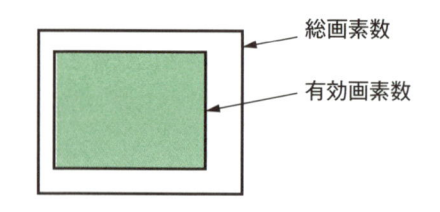

●有効画素数と総画素数

受光素子の画素数の総数を総画素数といいます、しかし周辺部はノイズが発生しやすいなどの理由で使われていません。そのうち、実際に使用されている領域の画素数を有効画素数といいます。有効画素数がきめの細かさを決定します。

●画素数とプリントサイズ

画素数とプリントサイズの目安の関係を表 7.14 に示します。L 版で印刷するのに 1,000 万画素数のデジカメは過剰性能ということになります。しかしながらトリミングをするとなると、トリミングサイズに応じて必要画素数は異なってきます。

●手ぶれ補正

撮った写真がぼけてしまう原因には 2 つあります。1 つは、レンズのピントが合っていない場合、もう 1 つの原因は手ぶれです。手ぶれというのは、シャッターを押す時にレンズが動いたために生じます。

手ぶれ補正というのはセンサーによってレンズの動きを検知して、レンズの一部あるいは撮像素子を動かすことによって補正するしくみです。

表 7.14　画素数とプリントサイズ

用紙の規格	用紙サイズ	必要画素数	カメラ画素数
L 版	89（mm）×127（mm）	1,260×1,800 (227 万画素)	200 万画素程度
はがき	100（mm）×148（mm）	1,404×2,088 (293 万画素)	300 万画素程度
A4 版	210（mm）× 297（mm）	2,988×4,212 (1,258 万画素)	1,200 万画素程度

図 7.14f　手ぶれ補正のしくみ

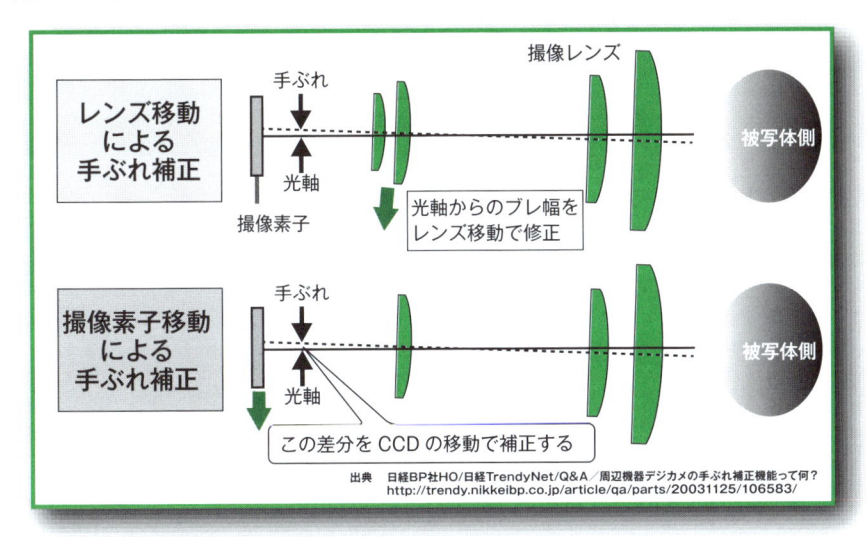

●ズーム機能

　ズームには光学ズームとデジタルズーム（電子ズームともいいます）の2種類があります。光学ズームはズームレンズを用いて拡大・縮小する方式です。得られる画像の性能はほとんど劣化しません。電子ズームは画面の一部を拡大するズーム方式です。画面が大きくなるに従い粗が目立ちます。

●一眼レフカメラ

　ピントグラス上に撮像素子上と同じまったく像が結像されますので、実写に近い像を見ながら撮影できます。接写レンズや望遠レンズなどを交換することができます。

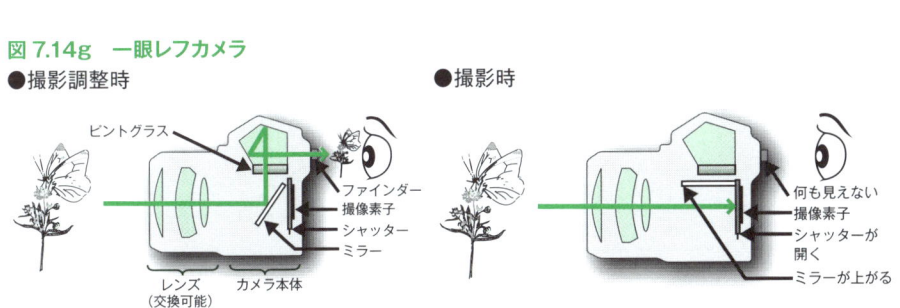

図 7.14g　一眼レフカメラ

第8章

電気で情報を伝える

情報を伝えるためにも電気が使われます。アンテナが送受信の役目をします。放送や電話の分野では従来のアナログ技術に代わってデジタル技術が取り込まれ、デジタル放送や第3世代、第4世代携帯電話として大きな変貌を遂げつつあります。

8-1 少しだけマクスウェルの方程式

●電磁波とは

　電場と磁場の間には密接な関係があります。クーロン、ファラデーを始めとする天才科学者によって電場、磁場、そして電場と磁場の関連について解明され、いくつかの法則が発見されました。マクスウェルはこれらの法則の関連を体系化し、電気学と磁気学を統合し電磁気学としてまとめあげました。その根源となるものがマクスウェルの方程式です。

　すべての電気と磁気に関する現象はマクスウェルの方程式を用いて説明することができます。この方程式から、電場と磁場の関係を理解することができます。またマクスウェルはこの方程式を元に電磁波の存在を予言しました。この予言を実際に確認したのがヘルツです。その後電磁波はさまざまな分野で利用され人類に与えた貢献は測りようがありません。

●マクスウェルの方程式とは？

　マクスウェルの方程式は4つの式にまとめられています。それぞれの式の意味について説明します。初めての方には不思議な数式が並んでいますが、それらがわからなくてもかまいません。「$\nabla \cdot$」は「湧き出し」を表し、「$\nabla \times$」はフレミングの右手または左手の法則に従う「ねじれたベクトル」を表します。

●第1式

　電荷(電荷密度ρ)が電場（E）を作り出すことを示しています。電場は電荷

> **要点8.1　マクスウェルの方程式**
>
> 第1式　$\nabla \cdot \mathbf{E} = \dfrac{\rho}{e_0}$　　第3式　$\nabla \times \mathbf{E} = -\dfrac{\partial \mathbf{B}}{\partial t}$
>
> 第2式　$\nabla \cdot \mathbf{B} = 0$　　第4式　$\nabla \times \mathbf{B} = \mu_0 e_0 \dfrac{\partial \mathbf{E}}{\partial t} + \mu_0 \mathbf{J}$

から放射線状に出ていきます。電場はプラスの電荷から湧き出し、マイナスの電荷に吸収されます。クーロンの法則、ガウスの法則を発展させた式です。

●**第2式**

湧き出る磁場はないことを表しています。そのために、磁気は必ずN極とS極が対になっており、単体のS極あるいはN極（モノポールといいます）は存在しません。

●**第3式**

磁場が時間的に変化すると、ファラデーの電磁誘導の法則に基づいて、電場が発生します。向きはフレミングの右手の法則に従います。電動機や発電機はこの法則に従って動作します。

●**第4式**

電流（J）が流れるとその周りに磁場ができるというアンペールの法則を拡張したもので、電場（E）が時間的に変化すると磁場が生まれることも示しています。向きはフレミングの左手の法則に従います。

この式はまた、変化する電場は電流と同じ役割を果たすことも示し、そのため仮定される電流は「変位電流」といいます。コンデンサーに交流電圧をかけると変位電流が流れ、周囲に磁場が発生します。

図8.1a　第1式の意味
●電荷は電場を作り出す

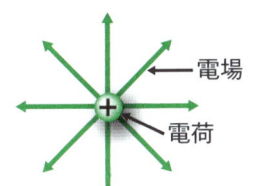

図8.1b　第2式の意味
●磁極は必ず対になって発生

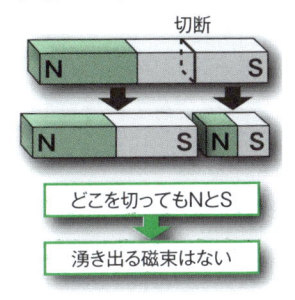

図8.1c　第3式の意味
●ファラデーの電磁誘導の法則

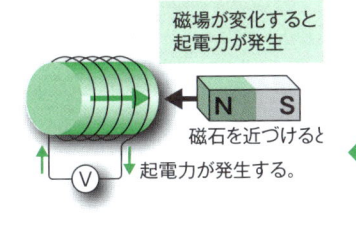

図8.1d　第4式の意味
●変動する電場は磁場を発生

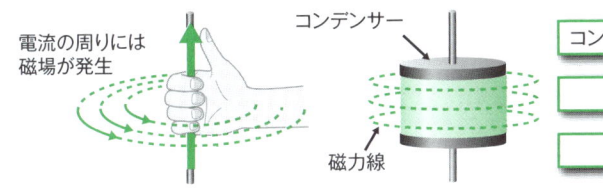

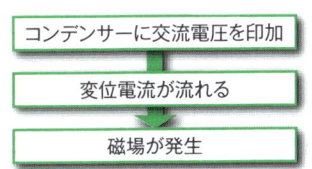

8-1　少しだけマクスウェルの方程式

8-2 電磁波…情報を送る媒体

●電磁波・・マクスウェルの方程式から予測

　マクスウェルの方程式の第3式及び第4式から、電場が時間的に変化すると磁場が生まれます。そしてこの時間的に変化する磁場から電場が発生します。この電場はまた磁場を生み出します。このように電場と磁場が相互作用しながら空間に生み出されていきます。

　マクスウェルは第3式と第4式から波動方程式を導き、電場と磁場が波となって伝わることを予言しました。この波を電磁波といいます。その存在はヘルツによって確認されました。またこの波動方程式から、電磁波が伝わる速さが光の速さと同じであることが導かれ。光も電磁波の一種であることがわかりました。

●電磁波の特質

　電磁波は横波です。電場が振動する面と磁場が振動する面は直交しています。電場が振動している面を偏波面といいます。電場の面から磁場の面に右ねじを回したときにねじの進む方向が電磁波の進行方向になります。偏波面が垂直方向の波を垂直偏波、水平方向の波を水平偏波といいます。もちろんこれ以外の角度の偏波もあります。進行とともに偏波面が回転するもの(円偏波)もあります。

　テレビでは主に水平偏波（地域によっては垂直偏波もあります）、携帯電話は垂直偏波、衛星放送は円偏波を使っています。

図8.2a　電磁波の構造と発生のしくみ

●波長と周波数

波長とは1つの波の長さです。周波数は1秒間にいくつの波があるかを表し、単位は「ヘルツ」(Hz) です。波長と周波数をかけると波が進む速さになります。電磁波の場合は光速(30万km/秒)です。2.5ギガヘルツの電磁波の波長が約12cmであることは電子レンジの解説で示しました。

表8.2　SI接頭辞の一例

記号	読み方	倍数
K	キロ	10^3
M	メガ	10^6
G	ギガ	10^9
T	テラ	10^{12}

周波数は非常に大きな数字をあつかいますのでSI接頭語(SI：国際単位系)というものを使います。キロヘルツ(kHz)、メガヘルツ(MHz)、ギガヘルツ(GHz)、テラヘルツ(THz)というように使います。

●電磁波の種類

自然界にはさまざまな電磁波が存在します。電波はもちろんですが光も電磁波の一種です。その他に、赤外線、紫外線、X線、ガンマ線なども電磁波の仲間です。下の表は電磁波の種類を示しています。

電磁波はこのように波長で区分することが多く、赤外線よりもよりも波長が長い電磁波を電波といいます。電波法では、周波数では3THz以下、波長に換算すると0.1mm以上の電磁波を電波と定義しています。

図8.2 b　電磁波の種類

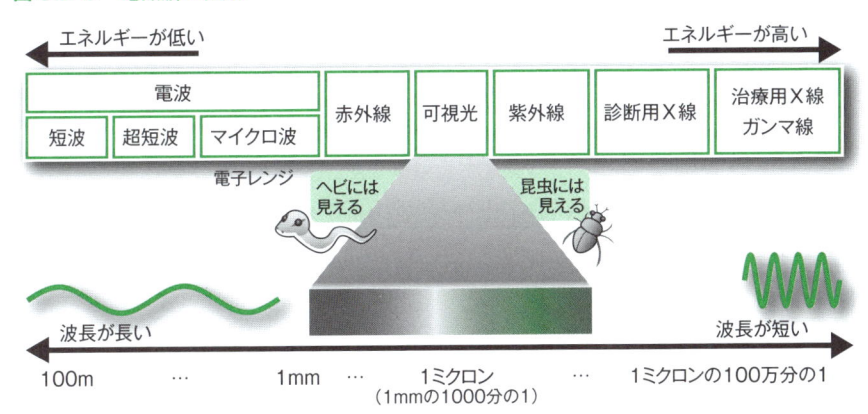

8-3 情報を送る媒体…無線と有線

●伝送媒体と無線媒体の種類

情報を送る媒体は大きく分けて無線と有線があります。無線ではほとんどが電波を使います。その他に赤外線などの光、音波が使われています。家電製品のリモコンや、携帯電話、ノートパソコンなどのデータ通信で使われるirDA規格では赤外線が使われています。テレビのリモコンに超音波が使われたこともありました。光や音波は到達距離が短く、利用分野が限られます。

●電波の種類

電波は周波数ごとに名前が付けられています。電波は公共性が高いため総務省が割当てなどを管理しています。新しいメディアがUHF、SHF帯に集中しており、この領域の電波が不足しています。低周波数帯の電波はあまり多くの情報を送ることができません。EHF以上の高周波は利用技術が未完成であり、今後の発展が期待されます。

表8.3 電波の種類と利用分野

周波数	波長	電波の呼称	主な用途
3kHz	100km	超長波(VLF)	
30kHz	10km		
300kHz	1km	長波(LF)	船舶ビーコン、航空機ビーコン
3MHz	100m	中波(MF)	AMラジオ、船舶通信、アマチュア無線
30MHz	10m	短波(HF)	短波放送、船舶・航空機通信、アマチュア無線
300MHz	1m	超短波(VHF)	TV・FM放送、防災行政、消防・警察無線
3GHz	10cm	極超短波(UHF)	特定小電力無線/アマチュア無線/タクシー無線、無線LAN、携帯電話・PHS、TV放送、電子レンジ(2.45GHz)
30GHz	1cm	マイクロ波(SHF)	衛星放送、レーダー
300GHz	1mm	ミリ波(EHF)	衛星通信、衛星放送、電波天文、レーダー
3THz	0.1mm	サブミリ波	衛星通信

図 8.3a　有線ケーブルの種類

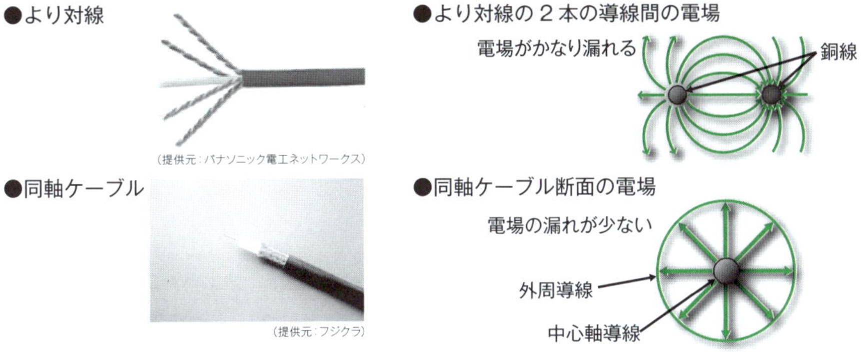

●より対線

（提供元：パナソニック電工ネットワークス）

●より対線の2本の導線間の電場

電場がかなり漏れる　銅線

●同軸ケーブル

（提供元：フジクラ）

●同軸ケーブル断面の電場

電場の漏れが少ない

外周導線
中心軸導線

●有線の種類

固定電話、ケーブルテレビ、有線放送、FTTH（光ファイバーによるインターネット接続）、有線LANなどではケーブルでデータを送ります。データ送信は、高い周波数を使うために信号が漏れやすく、ノイズの影響を受けやすいので、単なる平行線ではなく、より対線、同軸ケーブル、光ファイバーなどが使われます。

●より対線

2本の電線をより合わせて、外部からのノイズの影響を少なくしたもので、固定電話の加入者線や有線LANに使われています。値段が安いことが一番の特徴ですが、電磁場が漏れやすいため、長い距離の伝送には不向きです。LANでは、距離が100m以下で、100Mビット/秒の信号を送ることができます。

●同軸ケーブル

中心軸の銅線のまわりを絶縁体が覆い、さらにその周りを銅で覆ったケーブルで、電磁場の漏れや、外部からのノイズは外側の銅でシールドされます。もっとも一般的な5C-2Vケーブルの場合、映像信号を1km先まで送ることができます。

●光ファイバー

中心部分の屈折率が高い「コア」と外側の屈折率が低い「クラッド」の2重構造になっていて、光がコアとクラッドの境界面を全反射しながら進みます。光を媒体とするので、非常に多くのデータを送信できます。2008年9月NTTは3,600kmの送信に成功しました。

図 8.3b　光ファイバーの構造

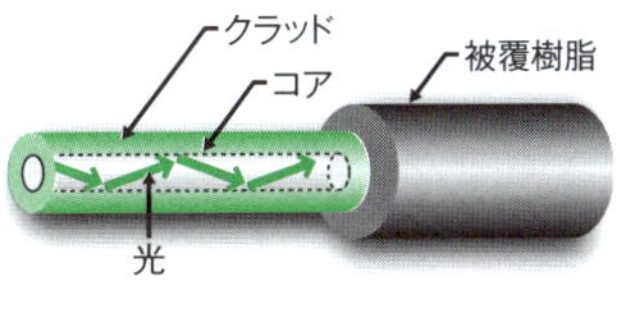

クラッド　コア　被覆樹脂

光

8-4 アンテナのしくみと種類

●アンテナのしくみ

アンテナは電波を送受信する役目をします。送信用アンテナは受信にも使え、逆に受信用アンテナは送信にも使えます。主に送信のしくみについて説明します。

もっとも単純なアンテナを考えてみましょう。2個の小さな金属球を用意し、その間に交流電流を流します。時間とともにそれぞれに貯まる電荷量は＋Qから−Qまで変化しますが、お互いに逆符号でその大きさは同じです。

したがって電場の大きさは変わりますが、分布は変化しません。時間とともに電場が放出され電波となります。金属球が1個だけのときにはこのような電波は発生しません。すなわち、導体間に交流電流を流すことによって電波が発生します（図8.4a）。

●ダイポールアンテナ

2本の導体を直線状に配置、中央部で高周波の電流を給電する構造のアンテナをダイポールアンテナといいます。

図8.4aの金属球の代わりに導線をおいていますが、同じ原理で電波を放出します。2本の導線の合計の長さをLとすると、導体の端では電流が流れないので、半波長がL、すなわち波長2Lの定在波が発生します。

図8.4a アンテナのしくみ

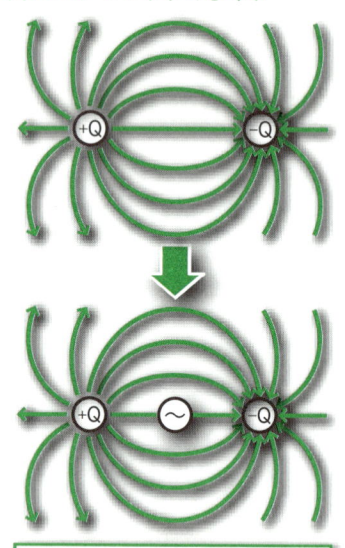

時間的に電荷量を変える

交流電流を給電することに相当

図8.4b ダイポールアンテナのしくみ

電流分布　電圧分布

● ロッドアンテナ

　導体が1本だけのアンテナです。ラジカセ、自動車、携帯電話などで使われます。垂直に立てると、大地またはケースや車体がミラーの役目をしてダイポールアンテナと同じ働きをします。アンテナの長さは波長の1/4です。

　最近の携帯電話はデザインをよくするために、アンテナが内蔵されるようになりました。ドコモの例で説明すると、movaからFOMAに変わって使用周波数が800MHz帯から2GHz帯に代わり、波長が短くなり内蔵できるようになりました。普通折りたたみをするヒンジの中に入っています。

図8.4c　さまざまなアンテナ
● ロッドアンテナの外観

（提供元：三洋電機）

● ロッドアンテナのしくみ

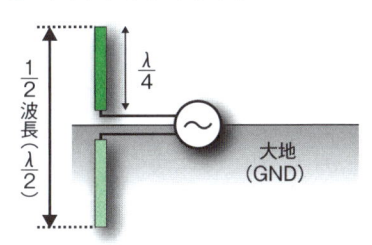

● 八木アンテナ

　テレビのVHF放送・UHF放送の受信に使われます。ダイポールアンテナを基本として素子数を増やし、指向性を高め（導波器）後方への損失を少なく（反射器）しています。

図8.4d　八木アンテナ

● パラボラアンテナ

　SHF帯で使用されるアンテナです。反射面は放物面をなし、平行な電波を焦点に集めます。テレビのBS、CS放送、マイクロ波通信などに使われます。

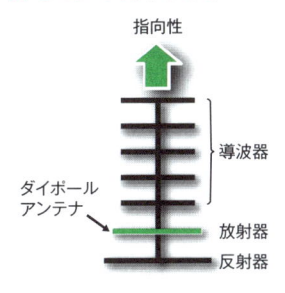

図8.4e　パラボラアンテナ

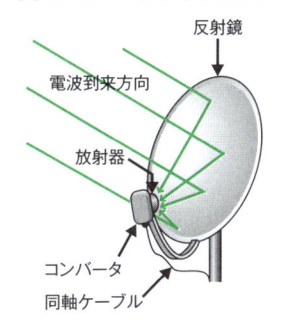

● アンテナと指向性

　アンテナは受信方向によって感度が異なります。このことを指向性といいます。図8.4bのダイポールアンテナは、水平方向から来る波に対しては受信感度が弱いですが、垂直方向に対しては幅広く受信します。八木アンテナはかなり指向性が強く、パラボラアンテナは非常に強い指向特性を示します。

8-5 テレビ放送のしくみ

●地上波放送

　放送局のスタジオあるいは編集室で制作された番組は放送局の屋上に設けられたアンテナから、送信所に送られます。送信所は東京タワーのような高い塔、あるいは見晴らしの良い山の上に設置されています。

　送信所は、各家庭のアンテナに電波を送ります。電波には VHF や UHF が使われます。アナログ放送では VHF 帯の 1 〜 12 チャンネル、UHF 帯の 13 〜 62 チャンネルが、デジタル放送では UHF 帯の 13 〜 52 チャンネルが使われます（2013 年までは暫定的に 53 〜 62 チャンネルも使用）。

図 8.5a　送信所
（東京タワー）　（テレビ神奈川送信所）

　各家庭では VHF あるいは UHF 専用の八木アンテナで受信します。送信所からの電波を直接受信できない地域では、いくつかの中継局を経由して受信します。アナログ放送は 2011 年 7 月に放送打ち切りとなります。

● BS 放送・CS 放送

　BS は放送衛星（Broadcasting Satelite）、CS は通信衛星（Communications Satelite）の略語です。放送衛星を使った放送は BS 放送、通信衛星を使った放送は CS 放送とも呼ばれます。当初「放送」とは、公衆への直接送信を意味していましたが、最近は通信と放送の融合が進んでいます。放送はもともと通信の 1 つの分野でした。以降、放送衛星と通信衛星を合わせて衛星と呼びます。

　番組は放送局から大型のパラボラアンテナで衛星に送信され、衛星からの電波を各家庭のパラボラアンテナで受信します。これらの衛星は「静止軌道」という、地上から半径 36,000km の上空を地球の自転と同じスピードで回転しています。

図 8.5b　BS 放送と CS 放送のしくみ

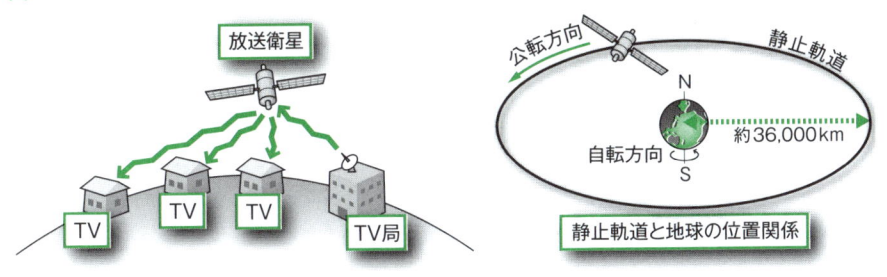

この軌道上の衛星は、地上からは静止しているように見えるので、「静止衛星」と呼ばれます。

BS ではアナログ放送とデジタル放送が放送されていますが、アナログ放送は 2011 年 7 月に放送打ち切りとなります。CS 放送は現在はデジタル放送だけです。

●チューナー

基本的には、地上波アナログ/デジタル放送、BS アナログ/デジタル放送、CS デジタル放送のそれぞれを受信するには、すべて別々の受信チューナーが必要です。大型テレビのほとんどの機種には BS・CS 放送用チューナーが内蔵されていますが、小型の機種では地上波しか受信できない機種もあります。購入するときには注意しましょう。必要なチューナーが内蔵されていない場合には、別売りのチューナーを外付けすれば視聴できます。

●ケーブルテレビ（CATV）

ケーブルテレビ局が地上波放送や BS 放送、CS 放送を受信し、光ファイバーや同軸ケーブルを使って各家庭に配信するシステムです。

初期のころは主に電波状況が悪い難視聴地域向けの再送信業務が主体でしたが、現在は自主番組を放送したり、インターネット接続サービスなどの高度なサービスも提供しています。

図 8.5c　ケーブルテレビのしくみ

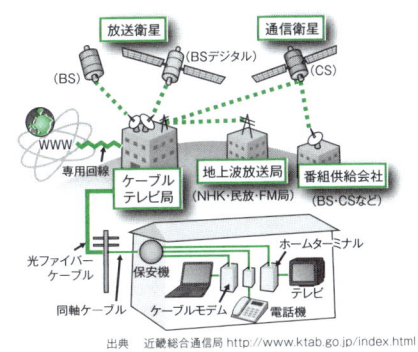

出典　近畿総合通信局 http://www.ktab.go.jp/index.html

8　電気で情報を伝える

8-5　テレビ放送のしくみ

8-6 アナログテレビ放送のしくみ

●アスペクト比

日本のアナログテレビ放送は NTSC という方式が使われています。アスペクト比とは、画面の横と縦の比率のことで、NTSC では 4:3 です。

アナログ方式のテレビで「ワイドテレビ」と呼ばれる 16:9 の画面のものは、放送局から送られてくる 4:3 画面の信号を、横方向に引き伸ばした上で、上下の一部をカットして 16:9 の横長画面にしたものです。

そのために人物などは実際の映像よりも太くなってしまい、また上下の端の時計などの表示が一部欠けるという問題が発生しました。欠けをなくすために、これらの表示をやや内側に移すようになりました。

●画面は 525 本の走査線から構成

動画は、1 秒間に 30 枚の静止画（フレーム）を切り替えて表示しています。これを「フレーム周波数 30Hz」と表現します。それぞれの静止画面は 525 本の走査線から構成されています。

しかしこの状態では、フレームの切り替えが遅く動きが少しぎくしゃくし、またフリッカーと呼ばれるちらつきが目立ちます。そこで 1 フレームを 2 枚の画面（フィールド）に分割し、1 秒間に 60 枚の画面を表示する方法が考えられました。それぞれのフィールドを偶数フィールド、奇数フィールドと呼びます。

図 8.6a　アスペクト比
● NTSC 映像を 16：9 のテレビで表示する方法

図 8.6b　フィールドの倍増

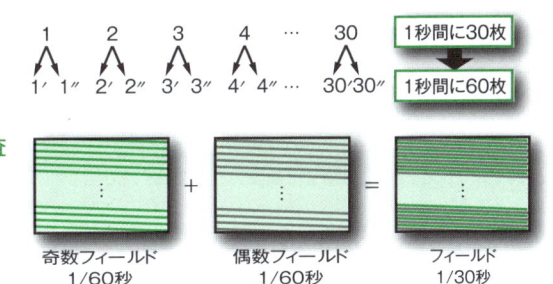

図 8.6c　テレビの飛び越し走査

奇数フィールド　　偶数フィールド　　フィールド
1/60秒　　　　　1/60秒　　　　　1/30秒

● 飛越し走査

それぞれのフィールドは走査線が 263 本、及び 262 本となります。各フィールドは元のフレームから 1 本おきに走査線を間引いた形になっているので、このような走査方式を「飛越し走査」（インタレース走査）といいます。

これに対してパソコンの画面やデジタル放送の画面では走査線を間引かないで画面を表示することがあります。情報量は 2 倍必要となりますが美しい画面を表示することができます。線順次走査、プログレス走査、あるいはノンインターレース走査といいます。

● 色温度

本来の NTSC では白色の色温度は 6500K ですが、日本では 9300K としています。そのために同じ白色でもアメリカのテレビは少し赤っぽく、日本のテレビは少し青っぽくなります。

● 信号の周波数割り当て

1 チャンネルのテレビ信号を送るのに、6 MHz 幅の電波を使っています。映像用帯域の中に色信号が含まれています。初期のテレビは白黒放送でしたが、カラー化にするときに白黒放送との互換性をたもつためにこのようなしくみにしました。

輝度信号幅に比べて色信号の帯域は狭くなっています。人間の眼は細かい絵柄に対しては色に鈍感になるという特性を利用しています。

図 8.6d　テレビ信号の周波数割り当て

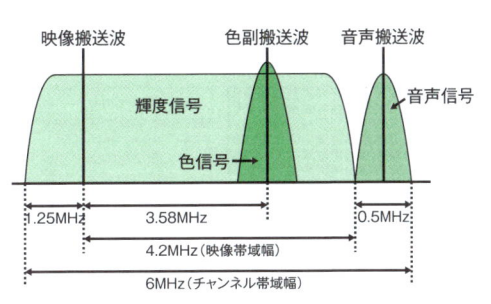

8-6　アナログテレビ放送のしくみ

8-7 デジタルテレビ放送のしくみ

●デジタル伝送のしくみ

　デジタル放送では、1秒間に30または60枚の静止画像を高速表示する点についてはアナログ放送と同じですが、画像は走査線ではなく縦横を微細に分割した画素から構成されます。それぞれの画素の明るさも量子化という技術によってデジタル量に変換します。

　デジタル量であつかうことにより、コンピュータでデータ処理ができるようになります。特に「圧縮」という技術が大活躍をします。圧縮とは、映像の表示性能を劣化させることなく、コンピュータ処理によってデータ量を少なくしてしまう技術のことです。MPEG-2と呼ばれる圧縮方法が使われます。

　このようにして、従来は6MHzの帯域で1番組しか送れませんでしたが、同じ帯域で5～8番組を送ることができます（実際は3番組を送っています）。あるいは同じ帯域でハイビジョンなら2番組を送ることもできます（実際は1番組を送っています）。音声にはAAC（Advanced Audio Coding）という圧縮方式が採られています。

図8.7a　圧縮効果

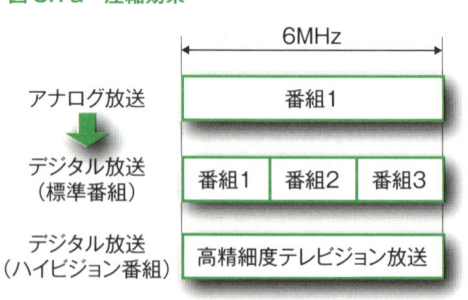

図8.7b　アナログ放送画面とデジタル放送画面の構成の違い

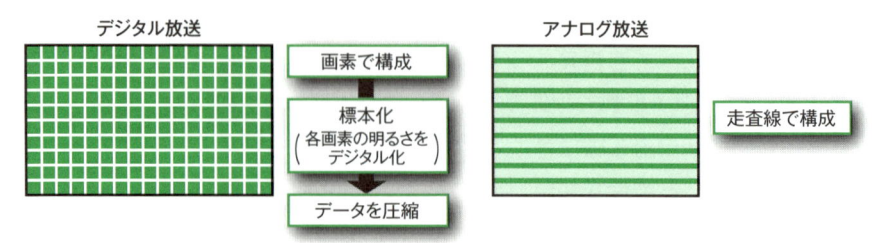

●デジタル放送の方式の種類

デジタルテレビの方式には、ISDB、ATSC、DVB の 3 方式があります。ISDB は NHK が中心になって開発した技術です。ATSC はアメリカ、韓国などで、DVB はヨーロッパで使われています。どれも画像圧縮に MPEG-2 を使っているという点では同じです。音の圧縮方式が異なっています。

● MPEG-2 の圧縮のしくみ

MPEG-2 は、次の 3 つの特性に着眼して映像データを圧縮する方法です。

- 動画は、30 枚あるいは 60 枚の静止画から構成されています。それぞれの静止画においては、近接している画素の明るさ・色はほとんどが連続して変化し、変化量は少ないという特質があります。
- 人間の眼は、明るさについてはかなり細かいものに対しても識別できますが、色については細かいものに対して識別力が弱くなります。同様に動いている物体に対しても識別力が弱くなります。そこでこのような人間の識別力があまりないデータを捨ててしまいます。
- 各静止画間についても、現在の静止画と次の瞬間の静止画を比べると、あまり違いはありません。その差は動きに相当しますがこの差の部分だけのデータを取り出します。

図 8.7c　MPEG-2 のしくみ

図 8.7d　電波の有効活用

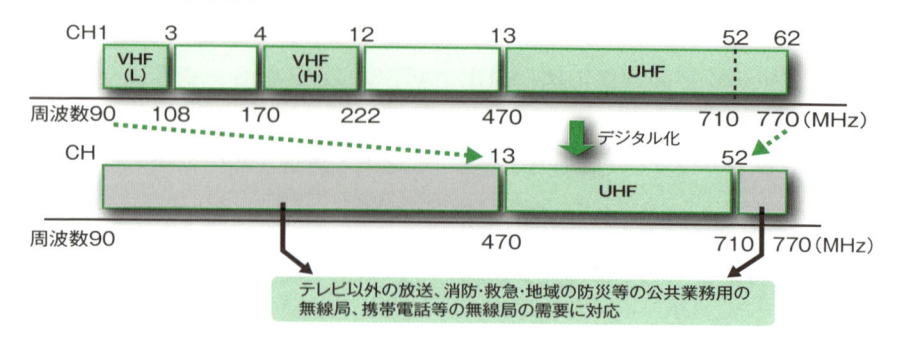

```
CH1   3       4        12           13                    52   62
     VHF              VHF                      UHF
     (L)              (H)
周波数90  108    170    222        470              710   770（MHz）
                                        ↓デジタル化
CH                                 13                    52
                                         UHF
周波数90                           470              710   770（MHz）
```

テレビ以外の放送、消防・救急・地域の防災等の公共業務用の無線局、携帯電話等の無線局の需要に対応

●デジタル放送と周波数の有効利用

電波の不足の問題の解消もデジタル放送を開始した大きな理由の1つです。デジタル放送への移行によって、VHF帯の1～12chとUHF帯の53～62chが空きます。これらは、携帯電話、地上デジタルラジオ放送、高度道路交通システム（ITS）などのモバイル通信などに使用する予定です。

●デジタル放送のフォーマット

アナログ放送では走査線525本の映像だけに限られていましたが、デジタル放送ではさまざまな画質の番組が送られてきます。地上デジタル放送には5つの映像フォーマットがあり、このうち720p以上の画質のものをハイビジョンと呼びます。

●録画機などとデジタルテレビの接続

アナログテレビでは、録画機との接続に「コンポジットケーブル」（ビデオケーブル）か「S端子ケーブル」が使われていますが、デジタルテレビではこれらに加えて「コンポーネントケーブル」「HDMIケーブル」が使われます。

コンポーネントケーブルはコンポジットケーブルと同じ形状ですが、映像用だけで3本から構成されています（1本は輝度用、他の2本は色差信号用）。この

表8.7　デジタル放送の映像フォーマット

映像フォーマット	走査線数	有効走査線数	走査方式	アスペクト比	画素数	画質
480i（525i）	525	525	飛越走査（インターレース）	4:3 / 16:9	720×480	標準画質
480p（525p）	525	525	順次走査（プログレッシブ）	16:9	720×480	DVD画質
720p（750p）	750	720	順次走査（プログレッシブ）	16:9	1280×720	ハイビジョン画質
1080i（1125i）	1125	1080	飛越走査（インターレース）	16:9	1920×1080	ハイビジョン画質
1080p（1125p）	1125	1080	順次走査（プログレッシブ）	16:9	1920×1080	ハイビジョン画質

図8.7e　映像ケーブル

●ビデオケーブル　●S端子ケーブル　●コンポーネントケーブル　●D端子ケーブル　●HDMIケーブル

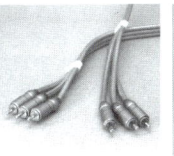

3本を1本にまとめたのがD端子ケーブルです。伝送される信号は全く同じです。

伝送される信号はアナログ信号です。機器の内部でアナログ信号とデジタル信号の相互変換をしています。D端子ケーブルに代わってHDMI端子ケーブルが普及してきました。1本の線で音声も映像も同時に送ることができます。デジタル信号のままで送られますので機器の負担が非常に少なくてすみます。しだいにHDMIケーブルに統合されつつあります。

●著作権保護

デジタル放送では、放送の暗号化、コンテンツの暗号化、録画の規制等、著作権保護のためにさまざまなしくみが施されています。まずは放送自体が暗号化されています。視聴するには、テレビ、レコーダー、チューナーの購入時に同梱されるB-CASカードが必要です。ユーザー登録せずにBSデジタル放送を受信すると、「ユーザー登録のお知らせ」が表示され、これを消すにはNHKへの連絡が必要です。有料放送の契約にもB-CASカードが使われます。

またデジタル放送では、一部の番組を除きコピー制御信号が付加されています。従来ほとんどの番組には「コピーワンス（1回だけ録画可能）」という制限が設けられていましたが、2008年7月からは「ダビング10」に緩和されました。

ただしコピー及び再生ができるのはBlu-rayレコーダー・ディスク・プレーヤーあるいはCPRM対応レコーダー・ディスク・プレーヤーだけであり、番組には、コピーフリー、ダビング10、コピーワンス、コピー禁止が設定されています。さらにコンテンツ保護のために「HDCP」という暗号がかけられています。

図8.7f　B-CASカード

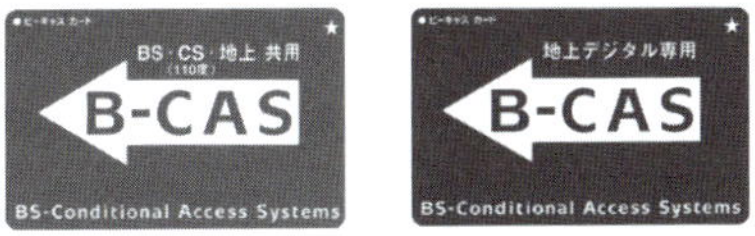

（BS、CS、地デジ用…赤色）　（地デジ用…青色）
他にCATVチューナー用の橙色のカードがある。

出典：　日本放送協会HP
http://www.nhk.or.jp/digital/bs/index.html

出典：　株式会社BCASHP (http://www.b-cas.co.jp/about.html#top)

8-7　デジタル放送のしくみ

8-8 デジタル放送の受信方法

●アンテナの設置

　地上デジタルは UHF を使いので、多くの場合は既存の UHF アンテナがそのまま使えます。しかしアンテナがカバーする周波数帯域が、受信チャネルと適合していない場合もあります。一般的にデジタル放送はアナログ放送よりも受信しやすいので、電波が強いところでは小型のアンテナを使うこともできます。

　BS デジタルにはパラボラアンテナを使います。大体の場合 BS アナログ用アンテナが使えますが、たまに使えないものもあります。

　2008 年 10 月から CS デジタルは、「スカパー！」（従来からの「スカイパーフェク TV」は「スカパー！ SD」に引き継がれ、あらたに「スカパー！ HD」が加わり、まとめて「スカパー！」と総称されます。）と「スカパー！ e2」（旧名「e2byスカパー」）になりました。スカパー！は、衛星の方向が BS と異なるため、専用のアンテナが必要です。スカパー！ e2 は BS デジタル用アンテナで受信できますが、BS アナログ用では受信できません。受信するためにアンテナ以外に以下の機器が必要になるときもあります。

- 混合器： UHF、BS、CS アンテナからの異なる周波数の信号を 1 本のケーブルにまとめるための機器です。
- 分配器： 1 本のケーブルの信号を、2 台以上のテレビで視聴するときに必要です。分配した数だけ各信号は弱くなります。パラボラアンテナには絶えず通電する必要があり、すべてのテレビで BS 放送を見るには全通電型が必要です。

図 8.8a　アンテナ線接続機器

●混合器　　●全通電型分配器 　　●分波器

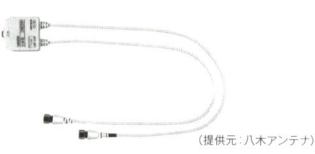

（提供元：八木アンテナ）

- 分波器： 1本にまとめて送られてきた信号を、元の UHF、BS、CS 信号などに分ける機器です。

●視聴するための機器

次の2つの方法があります。

- デジタルチューナーを備えたテレビで視聴。アンテナからの線をそのままテレビに接続します。
- デジタルチューナーを備えた DVD レコーダー、BD レコーダー、ハードディスクレコーダー、単体チューナーを用意します。これらの機器で選局し、映像信号を今までのテレビに入力します。画質はテレビに左右され、ハイビジョン画質で見ることはできません。

●ケーブルテレビ経由の視聴

CATV 局から各家庭に伝送する方式には、受信した電波をケーブルテレビに適した変調方式に変換して伝送する「トランスモジュレーション方式」と、変調方式を変えずに伝送する「パススルー方式」があります。パススルー方式には周波数を変えて伝送する方式と周波数も変えないで伝送する方式があります。

トランスモジュレーション方式は、CATV 局から提供される STB（セットトップボックス）でチャンネルを切り替えます。この方式では今までのアナログテレビがそのまま使える場合もあります。パススルー方式はデジタルテレビの側でチャンネルを切り替えます。

●ワンセグで受信

地上デジタル放送では1チャンネルを13のセグメントに分けています。12セグメントは通常の放送として使いますが、1つだけをカーナビや携帯電話などの移動体向けに利用するサービスです。番組内容は通常の放送と同じです。

図 8.8b　ケーブルテレビ経由の視聴

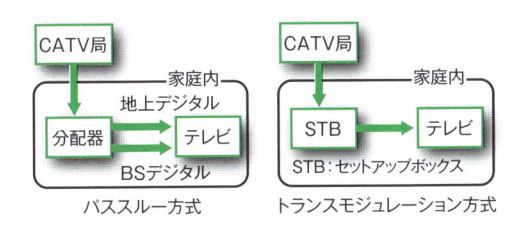

図 8.8c　ワンセグ受信

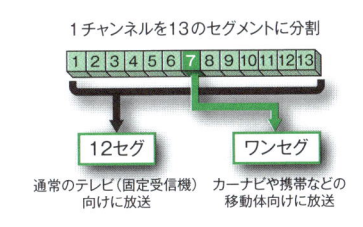

8-8　デジタル放送の受信方法

8-9 固定電話のネットワーク

●固定電話網の基本は交換機

　お互いの間を直接接続して通話するしくみをホットラインといいます。しかし加入者が多くなると、ホットラインでつなぐには膨大な数の回線が必要になります。そこで考え出されたのが交換機です。交換機を介することによって、回線数を非常に少なくすることができます。交換機は交換局に置かれています。

　日本全体を1つの交換機で処理することは不可能です。交換局を総括局、中心局、集中局、末端局の4階層構成としています。固定電話の同一市内と行政の市とは異なる場合があります。行政上は同一市内でありながら、電話局では市外あつかい、逆に行政上は別の市でも電話局では同一市内あつかいという場合があります。

図8.9a　層構造の交換機

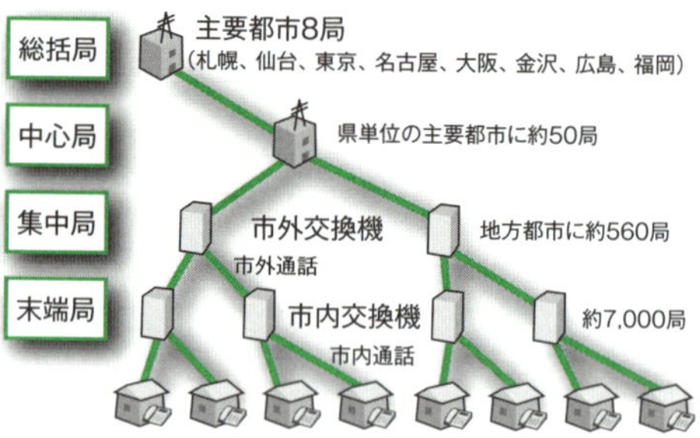

総括局　主要都市8局（札幌、仙台、東京、名古屋、大阪、金沢、広島、福岡）
中心局　県単位の主要都市に約50局
集中局　市外交換機　地方都市に約560局　市外通話
末端局　市内交換機　約7,000局　市内通話

● ISDN

　ISDN（総合サービスデジタル網）は、音声の電話だけでなく、FAX、インターネットなどのデータ通信も統合するために開始されたサービスです。NTT東日本はISDNサービスとして家庭向けにINS64, 業務用としてINS1500を提供しています。

　INS64では1本の電話回線で2B+Dの3チャンネルのデータを送ることができます。Bチャンネルには音声通話・データ通信用で64kbps、Dチャンネルには制御用に16kbpsが割り当てられています。たとえば2つのBチャンネルを使えば128kbpsとなり、アナログ回線よりも高速でインターネットができます。しかしもうISDNは、これだけ進歩したインターネットには時代遅れでしょう。

図 8.9b　ISDN 回線と接続例
● 1 回線で 3 チャンネルが使える

● インターネット接続中でも電話ができる

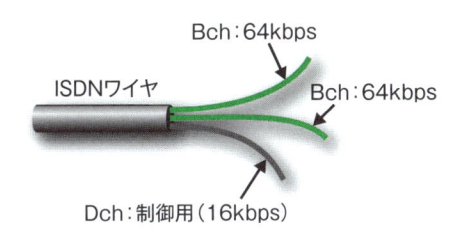

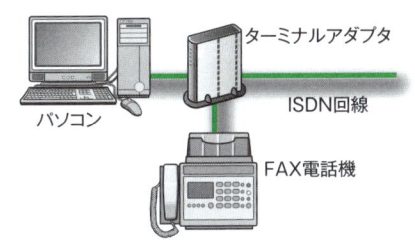

ISDNワイヤ
Bch：64kbps
Bch：64kbps
Dch：制御用（16kbps）

ターミナルアダプタ
パソコン
ISDN回線
FAX電話機

● ADSL

　ADSL（非対称デジタル加入者線）は、一般のアナログ回線を使って高速のインターネット接続を実現する技術です。データを送りだす方向を上り、データを受け入れる方向を下りといいます。一般の家庭のインターネット接続は、データを発信するよりも受け取るほうが圧倒的に多いことに着眼して、下りのスピードを速く、上りを遅くした非対称な構成になっています。

　アナログ電話は 4kHz 以下の周波数を使いますが ADSL では、25kHz から 1.1MHz の高周波帯を使います。電話とは使用する周波数帯が異なるので、電話と ADSL が同時に利用できます。しかし ISDN とは周波数が重なっていますので ISDN ユーザーは ADSL を使用することができません。また ADSL は高周波帯を使っているために、交換局からの距離が遠くなると信号が減衰し、通信速度が遅くなるという問題があります。

図 8.9c　ADSL
● ADSL が利用する周波数

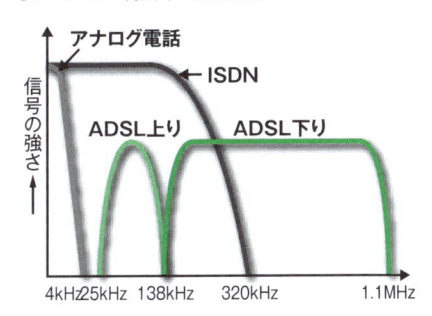

アナログ電話
ISDN
ADSL上り
ADSL下り
信号の強さ
4kHz 25kHz　138kHz　320kHz　　　1.1MHz

● ADSL の距離と通信速度の関係

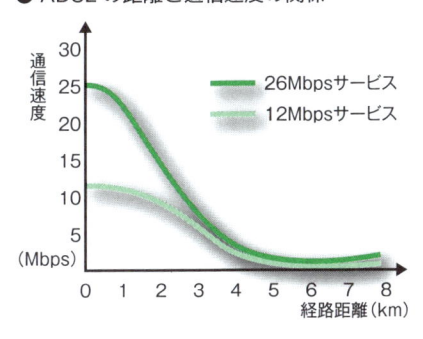

通信速度 (Mbps)
30
25
20
15
10
5
0
　0　1　2　3　4　5　6　7　8
経路距離 (km)

26Mbpsサービス
12Mbpsサービス

8-9　固定電話のネットワーク

8-10 携帯電話のしくみと進化

●携帯電話のしくみ

　全国に「基地局」が設けられ、各電話は基地局との間で交信します。基地局からの信号は「移動通信交換局」に送られます。

　移動通信交換局はいくつかの基地局からの信号をまとめています。移動通信交換局同士も互いに接続されています。移動通信交換局は一般の固定電話通信網とも接続され相互乗り入れをしています。

図8.10a　携帯電話の基地局

●基地局ってどこにある？

　1つの基地局がカバーするゾーンの大きさは半径1.5km～3km位です。初期のころは、10km～20kmと広かったのですが次第に狭くなっています。狭くすることによって多くの基地局を設置することができ、多くの回線を確保できます。都心の基地局のカバーエリアも狭くなっています。アンテナは、郊外では鉄塔を建てて設置することが多く、都市ではビルやマンションなどの屋上によく設置されています。ひとつの基地局で24～288回線が利用できます。

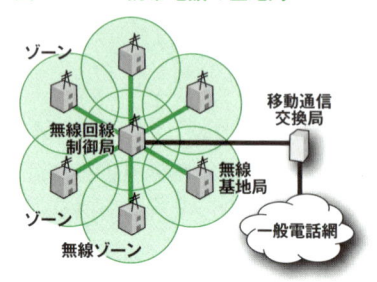

図8.10b　携帯電話の伝わるしくみ

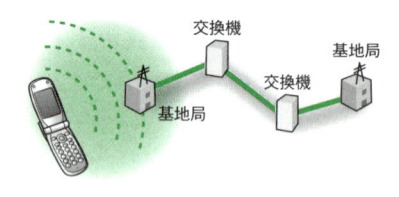

●携帯電話の世代と方式

　携帯電話は進歩の状態を「世代」ということばで表します。

●第1世代（1G）

　音声データはアナログで送られていました。1Gでは通話が主体で、ほとんどデータ通信は行われていません。無線の電波をみんなで分け合って使うことを

「多重化」といいます。このころの方式を、周波数を分割してみんなで使う方式という意味で、「周波数分割多重アクセス」（FDMA、Frequency Division Multiple Access）といいます。

●第2世代（2G）〜第2.5世代（2.5G）

データはデジタルになり、音声通信のほかにメールなどのデータ通信が可能となりましたが、伝送速度は9.6kbpsと遅く、あつかえるデータはメールが主体です。多重化は、まずFDMAによって周波数を分割し、次に「時分割多重アクセス」（TDMA、Time Division Multiple Access）方式によって、1つの周波数を時間で区切り、最大3人が順次交互に使います。

さらに音声データを半分にする方法が考えられ、1つの周波数で最大6人が話せるようになりました。1998年にauはいち早く「符号分割多重アクセス」（CDMA、Code Division Multiple Access）方式を採用し、第2.5世代（2.5G）のサービスを開始しました。すべての時間と周波数を使ってデータを送る方法です。

●第3世代（3G）

通信速度は静止時に2Mbits/s以上の高速になり、テレビ電話や動画配信といった新しいアプリケーションに対応するものです。データはCDMA方式で送られます。各データには発信元、送り先、順番番号が付与されており、W-CDMAとCDMA2000の2方式があります。

●第4世代（4G）

次世代の通信方式で、固定時には最大1Gbps、移動時でも100Mbpsの通信速度を目指しています。

図8.10c　携帯電話の方式
● FDMA
● TDMA
● CDMA

図8.10d　次世代携帯電話
● 4Gへの道筋

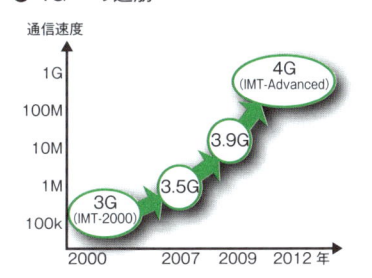

8-11 IP電話はどのように使うか

● IP電話のしくみ

　音声データをデジタル化し、パケットに分割し、このパケットデータをインターネットなどのIP網（Internet Protocol Network）を利用して送受信するしくみをVoIP（Voice over Internet Protocol）といいます。インターネットはIP網の1つですが、その他に通信事業者が独自に築いた専用IP網もあります。

　専用IP網でVoIPを実現したものを狭い意味のIP電話といいます。これは、FTTH、ADSL、CATVなどのブロードバンドの常時接続環境があれば使うことができます。インターネット上でVoIPを実現したものはインターネット電話といって、区別する場合もあります。

　固定電話では交換機を用いているのに対して、IP電話ではルーターを使うところがもっとも異なる点です。交換機は非常に高価でメンテナンスにも多くの費用がかかります。一方ルーターは実質的にはコンピュータであり、価格が急激に下がってきています。初期のIP電話の音質の問題は、現在は解消されました。

図8.11a　IP電話と一般加入電話の違い

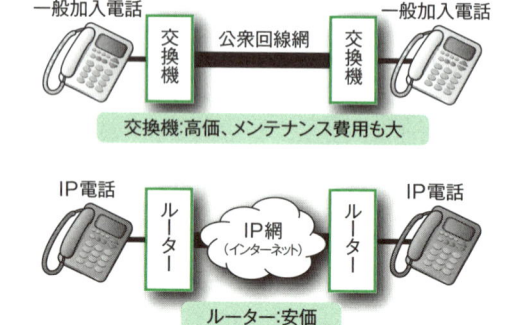

一般加入電話―交換機―公衆回線網―交換機―一般加入電話
交換機:高価、メンテナンス費用も大

IP電話―ルーター―IP網（インターネット）―ルーター―IP電話
ルーター:安価

● IP電話と費用

　IP電話では高価な交換機を必要としません。そのために格安で電話をかけることができます。一般加入電話では長距離になるに従い何度も交換機を経由する為に費用がかかってしまいます。特に海外通話ではかなり高くなります。一方IP電話の価格は距離にあまり依存しません。

しかしIP電話は、相手方の電話によって費用が変わります。相手側が一般加入電話の場合には、IP電話から送信されたパケットは相手側の近隣電話局まではIP網を利用しますので費用は発生しませんが、その後は一般加入電話網を利用しますので費用が発生します。

したがって、同一市内の一般加入電話と通話する場合には、IP電話の価格メリットは少なくなります。IP電話から携帯電話と通話する場合も、携帯電話網を併用することになります。携帯電話網の利用料金が高いために、IP電話といっても格安にはなりません。

● **IP電話と電話番号**

ADSL加入者がIP電話に加入しますと、一般加入電話番号の他に、050で始まるIP電話用の番号が付与されます。FTTHあるいはCATV加入者がIP電話に加入するときには、多くの場合は一般加入電話を退会することになりますが、「0AB〜J」番号といわれる従来と同じ電話番号を引き継ぐことができます。

● **無線IP電話**

IP電話を無線（ワイヤレス）環境で利用できるようにしたものです。PHS電話と併用したもの、携帯電話と併用したものもあり、一部の企業で導入されています。会社内などの無線LAN環境では格安のIP電話として使い、社外では携帯電話として使えます。2008/6からNTTドコモは、家庭のブロードバンド環境でも使えるIP電話を併用した携帯電話を商品化しました。今後は公衆無線LANのエリアが一層拡大していきますので大きな発展が期待されます。

図8.11b　IP電話料金
● IP電話から一般加入電話に通話する場合

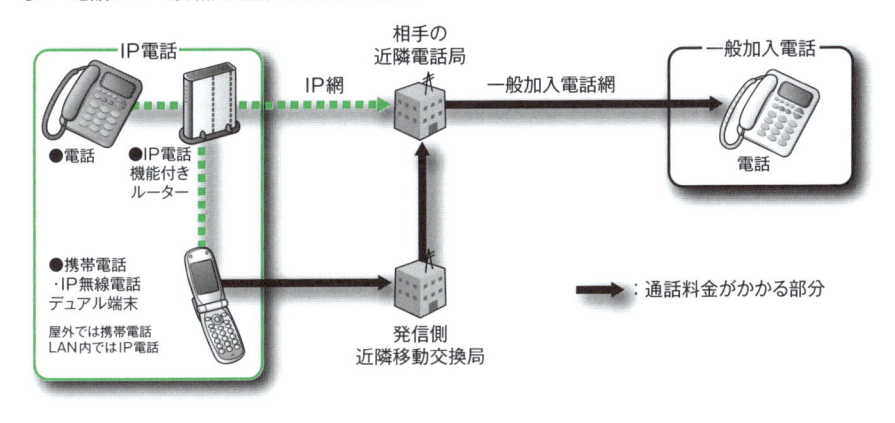

用語索引

数記字号

AAC	214
ADSL	221
AM 変調	71
AND 回路	72
B-CAS カード	217
BD	194
BD-R/BD-RE/BD-ROM	195
BS 放送・CS 放送	210
CATV	211
CCD	197
cd（カンデラ）	108
CD	190
CDMA	223
CD-R/CD-RW	191
C-MOS	197
COP	159
DLP プロジェクター	181
DVD	193
DVD レコーダー	192
EL ディスプレイ	184
FDMA	223
FED	186
FET	64, 66
FM 変調	71
FTTH	207
F ケーブル	101
HDCP	217
HDMI ケーブル	216
HID ランプ	122
IC	24
IH クッキングヒーター	152
IPS 方式	177
IP 電話	224
ISDN	220
ITO 膜	187
kWh	27
LCOS プロジェクター	182
LED	62, 118
lm	108
lm/W	109
LPG	143
LSI	24
MOS	67
MOS 型 FET	64, 67
MPEG-2	214
NOT 回路	73
NPN 型	64
N 型半導体	25, 60
OR 回路	72
PNP 型	64
Power Plastic	86
P 型半導体	25, 60
SED	187
S 端子ケーブル	216
TDMA	223
VA	27
var	59
VA 方式	177
VoIP	224
W-CDMA	223

ア行

アース	103
アスペクト比	212
圧縮	214
圧電現象	22
圧電体	22, 23
アナログ回路	70
アナログテレビ放送	212
アノード	60
アラゴの円盤	127
アルカリ乾電池	137, 138
アルカリマンガン乾電池	138
安全ブレーカー	96
アンテナ	208

226

アンペア	17, 27
イオン	15
位相／位相差	51
イソブタン	161
一時磁石	30
一次電池	137
イヤホン	170
色温度	109
インダクタ	56
インタレース走査	213
インナーイヤタイプヘッドホン	170
インバータ	47, 113, 135, 158
渦電流	41
エアコン	156
エアコンの消費電力・電気代	158
エアコンの冷媒	159
永久磁石	30, 33
液晶テレビ	174
液晶の応答速度	177
液晶プロジェクター	180
液晶分子の性質	176
エコキュート	162
エネルギー	148
エネルギー準位	15
エネルギーのコストと効率	148
エミッタ	64, 112
エルステッド	28
円筒型電池	137, 138
オープンエアタイプヘッドホン	170
オーム（単位名）	45
オームの法則	45
お掃除ロボット	133
温度センサーの種類としくみ	149

カ行

カーボンナノチューブエミッタ	187
カーボンヒーター	151
界磁	35
回生ブレーキ	135
回路図	45
架空地線	93
核分裂反応	81
核融合発電	88

化合物半導体	25
かご形ローター	127
化石燃料	78
カソード	60
価電子	24
家電製品の電力消費	104
可とう性	101
カナル型イヤホン	171
ガム型電池	137
火力発電	78
カンデラ	108
感電事故	102
乾電池	137
気化熱	156
疑似点灯	121
輝度	108
逆方向バイアス	61
キャブタイヤケーブル	101
キャリア	25
凝固熱	156
強磁性体	30
共有結合	25
強誘電体	22, 23
キロワット時	27
金属のイオン化傾向	136
空乏層	60
クーロンの法則	18
クーロン力	18
クリプトン電球	111
グローランプ	113
蛍光灯	112
携帯電話	222
ゲート	66
ケーブル	100
ケーブルテレビ	211
原子力発電	80
検流計	36
コイン型電池	137, 139
高圧ナトリウムランプ	123
硬強磁性体	30
光度	108
降伏電圧	61
交流	46
交流整流子モーター	133
交流発電機	48

交流電動機・モーター	35, 127
コード	101
枯渇性エネルギー	82
固定電話	220
コピー機	13
コピーワンス	217
コレクタ	64
混合器	218
コンデンサー	54
コンデンサーマイク	166
コンバータ	47
コンポーネントケーブル	216
コンポジットケーブル	216

サ行

サービスブレーカー	96
サーボモーター	129
サーミスター	53
サイクロン方式	132
再生可能エネルギー	82
サイリスタ	67
残像	177
三相3線式	95
三相4線式	95
三相交流発電機	48
三相発電機	92
三相誘導モーター	127, 135
磁化	31
磁界	29
磁気に関するクーロンの法則	28
磁気誘導	31
自己誘導	56
磁性体	30
磁束・磁束密度	37
実効値	50
湿電池	137
自動車用ランプ	121
磁場	29
集積回路	24, 68
自由電子	15
周波数と周期・周波数と振動数	49
周波数変調	71
瞬時値	50

順方向バイアス	61
常磁性体	30, 31
焦電体	22, 23
照度	108
消費電力	58
消費電力量	27
常誘電体	22
磁力線	29
信号機	121
真性半導体	25
進相コンデンサー	59
振幅変調	71
水銀灯	123
スイッチング回路	65
スタータ型	113
ステッピングモーター	128
ステップ角	129
スピーカー	168
スピン	29
スピント型エミッタ	186
正孔	17
青色LED	118
青色レーザー	194
成績係数	159
静電気	10, 11, 12
静電気除去シート	13
静電塗装	13
静電場	40
静電誘導	21
整流器	47
整流子	35
積分球	109
絶縁体	20
絶縁電線	100
接合型FET	64, 66
接地	103
セラミックヒーター	151
全光束	108
洗濯機	130
洗濯機の駆動方法	131
相互インダクタンス	57
相互誘導	56
掃除機	132
送電	90
増幅回路	65, 70

ソース	66
ソーラーアレイ/セル/パネル/モジュール	84
ソレノイド	33

タ行

ダイオード	24, 60
ダイオードブリッジ	61
待機電力	105
大規模集積回路	24
ダイクロイックミラー	181
代替フロン	159
ダイナミックスピーカー	168
ダイナミックマイク	166
ダイナミックレンジ	167
ダイポールアンテナ	208
太陽光発電	84
太陽電池の発電コスト	85
多重化	223
ダストピックアップ率	133
ダビング10	217
単純マトリックス方式	177
単相2線式	94
単相3線式	94
地上波	210
窒化ガリウム	118
柱上変圧器	91, 94
中性子	14
直流	46
直流発電機	35, 126
直流モーター	39
直列接続	27
ツェナーダイオード	62
抵抗	20
抵抗温度センサー	149
抵抗加熱	149
抵抗器	52
ディスクリート回路	68
定電圧ダイオード	62
デジタルIC	73
デジタル回路	70, 72
デジタルカメラ	196
デジタルテレビ放送	214
デジタル点灯管	113

手ぶれ補正	198
テレビ放送	210
電圧	19
電位	18
電位差	19
電荷	11, 12
電界	18
電界効果トランジスタ	64, 66
電界放出ディスプレイ	186
電気	10
電気ストーブ	151
電気素量	16
電気抵抗率	21
電気力線	19
電源	26, 44
電子	12, 14, 16
電子回路	44, 70
電子回路図	45
電磁気学	28
電磁石	33
電子点灯管	113
電子の移動と電流の向き	17
電子の軌道	15
電子の速さ	21
電磁波	204
電磁波加熱	149
電子部品	44
電磁分極	31
電子ペーパー	188
電車	134
電磁誘導	36
電子レンジ	154
電池	136
電池の互換性・使用推奨期限	145
電池の使い方・保管	144
点灯管	113
電動機	35
伝導電子	20, 24
電場	18
電波	205
電流	11, 16
電流のつくる磁場	32
電流の運び手	17
電力需要・電力消費	76
電力ヒューズ	98

同期モーター	128
同軸ケーブル	207
投射型テレビ	183
導体	20
等電位線	19
動電気	10, 11
導電性	22
透明導電膜	187
動力線	95
特定フロン	159
飛越し走査	213
トランジスタ	24
ドレイン	66
トンネルダイオード	63

ナ行

中村修二	118
鉛蓄電器	141
軟強磁性体	30
二酸化炭素	78, 79
二次電池	137, 140
二相交流発電機	48
日亜化学工業	118
ニッカド電池	141
ニッケル系電池	139
ニッケル水素電池	137, 141
熱電対	149
燃料電池	89, 137
燃料電池自動車	143
燃料電池パソコン	143
ノイズキャンセリングヘッドホン	171

ハ行

配向	176
配電	90
ハイブリッド IC	68, 69
バイポーラトランジスタ	64
バイメタル	97
白色 LED	119
白熱電球	110
パック型電池	137

発光効率	109
発光ダイオード	62, 118
発振回路	70
発電機	39
発電方式別発電量	77
パラボラアンテナ	209
パルス電流	46
ハロゲンサイクル	111
ハロゲンストーブ	151
ハロゲンランプ	111
反強磁性体・反磁性体	30, 31
半導体・半導体素子	20, 24
ヒーター	149
ピークツーピーク値	50
光ファイバー	207
非磁性体	30
皮相電力	58
左手の法則	34, 38
ビデオケーブル	216
火花放電	13
ヒューズ	98
表面伝導型電子エミッタ	187
ピン型電池	137
ファラッド	54
ファラデーの法則	37
フィラメント	110
フィルター回路	70
風力発電	89
フォトダイオード	62
負荷	44
不揮発性メモリ	23
復調回路	71
負性抵抗	63
ブラウン管テレビ	172
ブラシ	35
ブラシレスモーター	126
プラズマテレビ	178
フリッカー	113
ブルーレイディスク	194
ブレーカーのしくみ	97
ブレーキ充電	135
フレーム	212
プロジェクター	180
フロンガス	156, 159
分電盤	96

並列接続	27
ベース	64
ヘッドホン	170
ペルチェ式冷蔵庫	161
変調回路	71
ヘンリー	56, 57
放射温度計	149
ホール	17, 25
ボタン型電池	137, 139
ボルタ電池	136
ボルト	27

マ行

マイク	166
マクスウェルの方程式	202
マグネトロン	154
摩擦電気	11
マンガン乾電池	138
右手の法則	32, 38
右ねじの法則	32, 34
無効電力	59
無整流子モーター	126
無線IP電話	225
無電極蛍光灯	115
メタノール	143
メタルハライドランプ	122
メモリ効果	140
モーター	35, 126
モノリシックIC	68, 69

ヤ行

八木アンテナ	209
有機EL	184
有機半導体	25
有効電力	58
有線ケーブル	207
誘電体	22
誘電分極	22
誘導加熱	149
誘導起電力	36
誘導電場	40
誘導電流	36, 40
誘導モーター	127
誘導リアクタンス	57
ユニポーラトランジスタ	66
陽子	14
揚水式水力発電	83
容量リアクタンス	55
より対線	207

ラ行

ラピッドスタータ型	113
リアプロジェクションテレビ	183
力率	59
リチウムイオン電池	141
リチウム電池	139
リチウムポリマー電池	141
リニアモーター	129
リフレッシュ充電	140
リラクタンスモーター	128
ルーメン	108
ルーメン毎ワット、ルーメン・ワット	109
ルクス	108
冷陰極蛍光管	116
冷却方式	160
冷蔵庫	160
冷蔵庫の消費電力	161
冷蔵庫の冷媒	161
冷媒	159, 161
漏電ブレーカー	96
ローレンツ力	34
ロッドアンテナ	209
論理回路	72

ワ行

ワイドテレビ	212
ワイヤレスヘッドホン	171
ワット	27
ワンセグ	219

■著者紹介
福田 京平（ふくだ きょうへい）
1971年 東京大学理学系研究科修士課程（物理学専攻）修了。
同年日立製作所入所、家電研究所等でテレビ、テレビカメラ等の
研究・開発に従事。
1991年 徳島文理大学に移動、現在工学部電子情報工学科教授。
●主な著書
「大画面ディスプレイ」（共立出版、共著）
「プラスチックレンズの技術と応用」（CMC出版、共著）
「プロジェクターの最新技術」（CMC出版、共著）

● 装丁　　中村友和（ROVARIS）
● 制作　　株式会社SID

しくみ図解シリーズ
電気が一番わかる

2009年3月1日　初版　第1刷発行

著　者　福田京平
発行者　片岡　巌
発行所　株式会社技術評論社
　　　　東京都新宿区市谷左内町 21-13
　　　　電話　03-3513-6150　販売促進部
　　　　　　　03-3513-6160　書籍編集部
印刷／製本　株式会社加藤文明社

定価はカバーに表示してあります

本書の一部または全部を著作権法の定める範囲を超え、
無断で複写、複製、転載、テープ化、ファイル化すること
を禁じます。

©2009　福田京平

造本には細心の注意を払っておりますが、万一、乱丁（ページの乱れ）
や落丁（ページの抜け）がございましたら、小社販売促進部までお送
りください。送料小社負担にてお取り替えいたします。

ISBN978-4-7741-3733-9 C3054

Printed in Japan

本書の内容に関するご質問は、下記
の宛先まで書面にてお送りください。
お電話によるご質問および本書に記
載されている内容以外のご質問には、
一切お答えできません。あらかじめご
了承ください。
〒162-0846
新宿区市谷左内町 21-13
株式会社技術評論社　書籍編集部
「しくみ図解」係
FAX：03-3513-6161